안쌤의

영재 모의고사

영재성검사 · 창의적 문제해결력 평가 대비

초등 **4**

이 책을 펴내며

영재교육의 양적 확대를 넘어 질적 도약을 위하여 내실화 방안에 더욱 중점을 두었던 '제3차 영재교육진흥종합계획(2013~2017)'이 2017년에 마무리됨에 따라, 교육부는 2018년 빠르게 변화되고 있는 산업구조에 대응하기 위한 '제4차 영재교육진흥종합계획(2018~2022)'을 발표하였다. 제4차 영재교육진흥종합계획은 인공지능(AI), 사물인터넷(IoT), 클라우드(Cloud), 빅데이터(Big Data), 무선통신(Mobile) 등의 지능정보기술을 통하여 4차 산업혁명에 대응하기 위한 영재교육 시스템을 마련하고 새로운 영재교육 비전과 국가의 미래를 견인할 창의·융합형 인재 양성을 위한 영재교육의 혁신에 그 초점을 두고 있다.

빅데이터와 정보통신기술(ICT) 기술 등의 4차 산업혁명의 도래로 인해 교육환경에도 많은 변화가 예견되는데, 특히 이러한 교육환경의 대비를 위해서는 수학·과학에 중점을 둔 융합적 사고력(MS-STEAM Thinking)이 요구된다. 융합사고 능력은 직관적 통찰 능력, 정보의 조직화 능력, 공간화 및 시각화 능력, 수·과학적 추상화 능력, 수·과학적 추론 능력과 일반화 및 적용 능력의 다양한 문제해결 능력과 그 반성적 사고를 필요로 한다.

본 교재는 융합사고 능력을 높일 수 있는 학습을 위하여 사회와 자연현상, 인구, 공해, 범죄, 환경, 인간의 생활 등에서 나타나는 다양한 주제들을 가지고 교과 영역 간을 연계한 교과 연합의 융합사고력(다학문적 융합사고) 문제들을 다루며, 동시에 다양한 내용의 탈교과적 주제 속에서 문제를 발견하고, 탐구과정을 통한 문제해결 능력을 향상시키는 교과 초월 융합사고력(탈학문적 융합사고) 문제들을 다루고 있다. 본 교재를 통하여 융합사고 능력의 향상에 도움이 되었으면 한다.

한국영재교육학회 이사
전) 연세대학교 미래융합연구원 공학계열 교수 김단영

최근 영재교육원 선발 시험인 〈창의적 문제해결력 평가〉는 정규 교과 과정 범위 내에서 출제하는 것이 원칙이지만 여기에 심화 개념을 더하고, 실생활에 응용되거나 창의적인 사고를 요구하는 문제들이 〈창의적 문제해결력 평가〉 과학 영역에서 출제된다.

창의사고력 유형은 교과 과정과 직접적으로 연관이 되는 주제에 대해서 답을 서술하거나 3가지, 5가지, 10가지 쓰는 형식의 유창성, 융통성을 평가하는 문제들은 〈창의적 문제해결력 평가〉에서 가장 빈번하게 출제 유형이다.

예 돌하르방에 사용된 암석의 특징을 5가지 쓰시오.

공기가 공간을 차지하고 있다는 것을 알 수 있는 예를 10가지 쓰시오.

동물, 식물, 물체 등을 기준에 따라 3〜5가지로 분류하시오.

과학 관련 이슈는 과학에 대한 관심도와 과학 독서 등이 없으면 해결이 쉽지 않은 문제들이다. 시험이 있는 해를 기준으로 1〜2년 이내의 과학과 관련된 이슈들에 대한 관심이 필요하다.

예 태평양의 플라스틱 쓰레기 섬 문제, 해양 미세플라스틱, 황사(마스크)

실생활 응용 유형(적정기술)은 과학의 실생활 응용 사례 문제는 과학적인 창의성을 평가하기 좋은 문제이기 때문에 팟인팟이나 와카워터, 라이프스트로우 등과 같은 〈적정기술〉 관련 문제들도 자주 출제되었고, 특히 대학부설 영재교육원에서 출제 빈도가 높았다.

본 교재에는 출제 빈도가 높은 교과 관련 창의사고력 문제와 최근 5년간 영재교육원 기출문제들 위주로 수록하였다. 새롭게 만든 문제들도 〈창의적 문제해결력 평가〉 유형으로 영재교육원 준비하는 학생들에게 많은 도움이 될 거라 생각한다.

 행복한 영재들의 놀이터 원장 정영철

창의적 사고를 위한 요소

발산적 사고(Divergent Thinking)의 유형

발산적 사고는 기존의 지식에서 벗어나 자유롭게 새로운 아이디어를 생각해 내는 것이다.

☆ **유창성** : 주어진 문제의 해결 방안을 얼마나 많이 찾아내는가?

특정한 문제 상황이나 주제에 대해 주어진 시간 안에 많은 양의 아이디어나 해결책을 만드는 능력

Ⓠ **우리의 생활이나 산업에서 로봇을 활용할 수 있는 용도를 가능한 많이 쓰시오.**

☆ **융통성** : 한 가지 문제에 얼마나 다양하게 접근하는가?

어떤 문제를 해결하거나 아이디어를 낼 때 한 가지 방법에 집착하지 않고, 여러 가지 방법으로 접근하여 해결하려고 하는 능력

Ⓠ **영재는 산에 올라가면 기압이 낮아서 밥이 잘 안 된다고 배웠습니다. 산에 올라가면 기압이 낮아지고 밥이 잘 안 되는 이유는 무엇인가요? 산에서 밥이 잘 되게 하려면 어떻게 해야 할까요?**

☆ **독창성** : 얼마나 새로운 방법으로 문제를 해결하는가?

기존의 사고에서 탈피하여 희귀하고 참신하며 독특한 아이디어나 해결책을 생각하는 능력

Ⓠ **손과 발을 쓰지 않고 냉장고 문을 열 수 있는 방법을 쓰시오.**

☆ **정교성** : 문제를 얼마나 정확히 이해하고 정교하게 해결하는가?

주어진 문제를 자세히 검토하여 문제에 포함된 의미를 명확하게 파악하고, 부족한 부분을 찾아 보완하고 정교하게 다듬는 능력

Ⓠ **사람이 더 편하게 살 수 있는 집을 설계한 후 각 부분의 필요성을 쓰고, 더 보완해야 할 부분을 생각하여 쓰시오.**

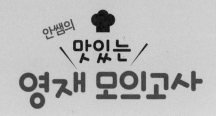

수렴적 사고(Convergent Thinking)의 유형

수렴적 사고는 주어진 정보들을 비교, 분석, 선택하여 가장 효율적인 해결책을 찾는 것이다. 일반적으로 수렴적 사고는 창의성과 관련이 없는 것으로 여겨지기도 한다. 그러나 발산적 사고를 통해 생성된 아이디어들 중에서 최선의 답을 선택하기 위해서는 수렴적 사고가 요구되기 때문에 수렴적 사고는 발산적 사고와 함께 창의적 산출물 생성 과정에 꼭 필요한 과정으로 평가된다.

☆ **정합성** : 개념과 지식이 논리적이고 합리적이며 일관성 있게 연결되어 모순이 없다.

☆ **통합성** : 구조를 이루고 있는 구성물의 수가 많을수록 통합적이다.

☆ **단순성** : 하나의 커다란 구조로 묶이면서 그 구조 속에 질서가 있어 복잡하지 않다.

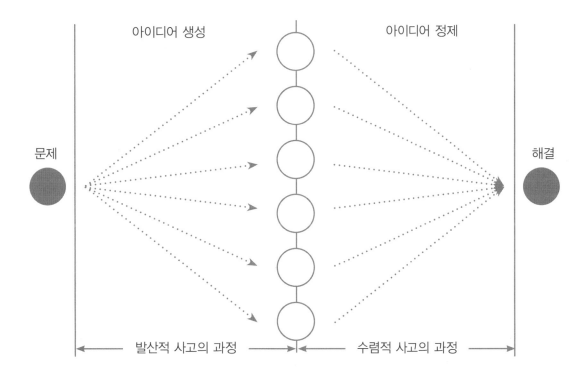

구성과 특징

일반 창의성

영재성검사, 창의적 문제해결력 평가에서 출제되고 있는 일반 창의성 문제 유형입니다. 유창성, 융통성, 독창성 등을 주로 평가하는 문제 유형으로 수학 또는 과학 개념을 활용한 답안으로 독창성 점수를 받을 수 있습니다. 기출 유형으로 연습을 할 수 있도록 구성하였습니다.

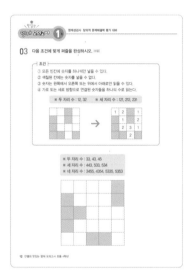

수학 사고력, 과학 사고력

영재성검사, 창의적 문제해결력 평가, 창의탐구력 검사에 출제되는 문제 유형입니다. 수학 사고력은 개념 이해력을 평가할 수 있 는 교과 개념과 관련된 사고력 문제 유형과 개념 응용력을 평가할 수 있는 창의 사고력과 관련된 심화사고력 문제 유형으로 구성하였습니다. 과학 사고력은 개념 이해력을 평가할 수 있는 교과 개념과 관련된 사고력 문제 유형과 탐구 능력을 평가할 수 있는 실험과 관련된 탐구력 문제 유형으로 구성하였습니다.

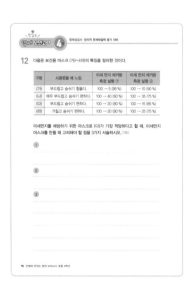

수학 창의성, 과학 창의성

영재성검사, 창의적 문제해결력 평가에 출제되는 문제 유형입니다. 창의성 평가 요소 중 유창성과 독창성 및 융통성을 평가할 수 있는 창의성 문제 유형으로 구성하였습니다. 유창성은 원활하고 민첩하게 사고하여 많은 양의 산출 결과를 내는 능력으로, 제한 시간 안에 의미 있는 아이디어를 많이 쏟아내야 합니다. 독창성은 새롭고 독특한 아이디어를 산출해 내는 능력으로, 유창성 점수를 받은 아이디어 중 특이하고 새로운 방식의 아이디어인 경우 추가로 점수를 받을 수 있습니다. 융통성은 아이디어의 범주의 수를 의미하며, 다양한 각도에서 생각해야 합니다.

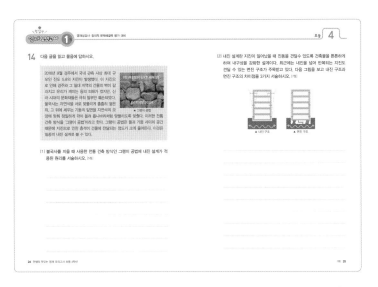

융합사고력

창의적 문제해결력 평가와 창의융합수학 대회에 출제되는 신유형의 융합사고력 문제입니다. 융합사고력 문제는 단계적 문제 유형이며, 첫 번째 문제로 문제 이해력을 평가하고, 두 번째 문제로 실생활과 연관된 문제 해결력을 평가할 수 있도록 구성하였습니다.

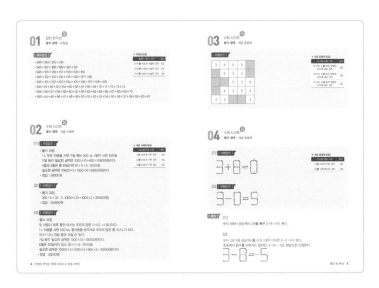

평가가이드

창의성 문제 유형에는 좋은 점수를 받을 수 있는 예시답안을 제시했고, 해설을 참고하여 자신의 답안을 수정 보완할 수 있도록 구성하였습니다. 수학 사고력과 융합사고력 문제 유형에는 풀이 과정과 정답을 제시했고, 해설은 핵심 개념을 활용하여 논리적으로 풀이 과정을 서술했는지 확인하며 수정 보완할 수 있도록 구성하였습니다. 과학 사고력과 융합사고력 문제 유형에는 모범답안을 제시했고, 해설은 핵심 개념을 활용하여 논리적으로 서술했는지 확인하며 수정 보완할 수 있도록 구성하였습니다.

C o n t e n t s

안쌤의
맛있는

영재
모의고사 1회

4
초등

제한시간 : 90분

지원 부분 :

초등학교   학년   반   이름 :

♣ 시험 시간은 총 90분입니다.

♣ 문제가 1번부터 14번까지 있는지 확인하시오.

♣ 문제지에 학교, 학년, 반, 성명, 지원 부분을 정확히 기입하시오.

♣ 문항에 따라 배점이 다릅니다. 각 물음의 끝에 표시된 배점을 참고하시오.

♣ 필기구 외 계산기 등을 일체 사용할 수 없습니다.

01 다음은 105를 연속된 자연수의 합으로 표현한 것이다. 이와 같이 945를 3개 이상의 연속된 자연수의 합으로 표현하는 방법을 3가지 나타내시오. [6점]

┤ 보기 ├

- $105 = 34 + 35 + 36$
- $105 = 19 + 20 + 21 + 22 + 23$
- $105 = 12 + 13 + 14 + 15 + 16 + 17 + 18$

①

②

③

02 영수는 매일 우유 1 L를 마신다. 우유 1 L는 1병에 1000원이고, 우유 500 mL는 1병에 600원이다. 또한, 행사 기간에 1 L 우유 10병을 사면 500 mL 우유 1병을 더 준다. 물음에 답하시오. (단, 우유는 1주 동안 보관할 수 있다.) [6점]

[1] 행사를 할 경우 4월과 5월 두 달 동안 영수가 우유를 마시기 위해 필요한 최소 금액을 풀이 과정과 함께 구하시오.

[2] 항상 행사를 할 경우 1년(365일) 동안 영수가 우유를 마시기 위해 필요한 최소 금액을 풀이 과정과 함께 구하시오.

[3] 매일 우유 500 mL를 마시는 사촌 동생이 6월 한 달 동안 영수네 집에 머문다. 6월에 행사를 할 경우 한 달 동안 영수와 사촌 동생이 우유를 마시기 위해 필요한 최소 금액을 풀이 과정과 함께 구하시오.

03 다음 조건에 맞게 퍼즐을 완성하시오. [6점]

┤ 조건 ├

① 모든 빈칸에 숫자를 하나씩만 넣을 수 있다.

② 색칠된 칸에는 숫자를 넣을 수 없다.

③ 숫자는 왼쪽에서 오른쪽 또는 위에서 아래로만 읽을 수 있다.

④ 가로 또는 세로 방향으로 연결된 숫자들을 하나의 수로 읽는다.

※ 두 자리 수 : 12, 32 　　※ 세 자리 수 : 121, 212, 231

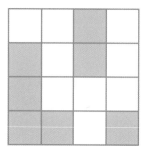

※ 두 자리 수 : 33, 43, 45

※ 세 자리 수 : 443, 533, 534

※ 네 자리 수 : 3455, 4354, 5335, 5353

04 다음은 예찬이가 성냥개비를 사용하여 만든 잘못된 식이다. 물음에 답하시오.

[6점]

(1) 성냥개비 2개를 빼서 올바른 수식을 1가지 만드시오.

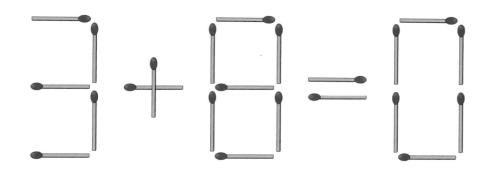

(2) 성냥개비 2개를 더하여 올바른 수식을 1가지 만드시오.

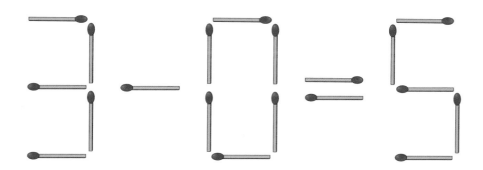

05 어떤 건물 엘리베이터에는 계산기처럼 생긴 버튼이 있어 자신이 가고 싶은 층을 선택할 때 반드시 규칙에 따라 식을 만들어 눌러야 한다. [7점]

┤ 규칙 ├

① 수 버튼 두 개를 연속으로 누를 수 없다.
  → 12층 : 12(×), 2×6(○)
② 한 개의 식에 각 수는 한 번씩만 사용해야 한다.
  → 12층 : 6+6(×), 9+3(○)
③ 연산 기호 버튼은 여러 번 사용할 수 있다.
④ 1층부터 50층까지는 수 4개, 51층부터 70층까지는 수 5개를 사용해야 한다.

24층을 만드는 방법을 각각 3가지씩 나타내시오.

• **덧셈 기호만 사용하기**

• **곱셈 기호 1개 사용하기**(다른 연산 기호는 여러 개 사용 가능)

• **곱셈 기호 2개 사용하기**(다른 연산 기호는 여러 개 사용 가능)

06 ○○은 두 자리 수이고, □□□은 숫자 카드 ⓪, ①, ②, ③, ④ 중에서 3개의 숫자 카드를 사용하여 만든 세 자리 수이다. 다음 식이 성립하는 ○○와 □□□를 10가지 구하시오. [7점]

┤ 보기 ├

$$3 \times ○○ = □□□ \rightarrow 3 \times 34 = 102$$

1 $3 \times ○○ = □□□ \rightarrow$

2 $3 \times ○○ = □□□ \rightarrow$

3 $3 \times ○○ = □□□ \rightarrow$

4 $3 \times ○○ = □□□ \rightarrow$

5 $3 \times ○○ = □□□ \rightarrow$

6 $3 \times ○○ = □□□ \rightarrow$

7 $3 \times ○○ = □□□ \rightarrow$

8 $3 \times ○○ = □□□ \rightarrow$

9 $3 \times ○○ = □□□ \rightarrow$

10 $3 \times ○○ = □□□ \rightarrow$

영재성검사·창의적 문제해결력 평가 대비

07 다음 글을 읽고 물음에 답하시오.

우리나라 지폐는 변·위조 방지 기능이 강화되어 오천 원권은 2006년 1월 2일, 천 원권과 만 원권은 2007년 1월 22일, 오만 원권은 2009년 6월 23일에 신권이 발행되었다. 신권은 OECD 가입국들이 사용하는 지폐의 평균 크기와 비슷한 크기로 줄였고, 색이 밝아졌다. 지폐는 종이가 아니라 면섬유로 만든다. 면섬유는 부드럽고 종이보다 질기고 잘 찢어지지 않으며 쉽게 더러워지지 않는다.

▲ 구권
◀ 신권

(1) 현재 우리나라 모든 지폐의 세로 길이는 $6\frac{4}{5}$ cm로, 구권보다 $\frac{5}{4}$ cm 짧다. 천 원권, 오천 원권, 만 원권 지폐의 가로 길이는 $\frac{3}{5}$ cm씩 차이 나고, 구권은 $\frac{1}{2}$ cm씩 차이 난다. 천 원권의 가로 길이는 $13\frac{3}{5}$ cm로, 구권보다 $1\frac{1}{2}$ cm 짧을 때 구권 만 원권의 가로 길이를 구하시오. [5점]

(2) 우리나라의 모든 지폐의 세로 길이는 같지만 가로 길이는 조금씩 다르다. 지폐의 가로 길이를 모두 다르게 만든 이유를 3가지 서술하시오. [7점]

①
_____

②
_____

③
_____

08 화산과 지진의 공통점을 10가지 서술하시오. [6점]

▲ 화산이 분출하는 모습

▲ 지진으로 도로가 무너진 모습

1

2

3

4

5

6

7

8

9

10

09 다음은 어떤 지역의 지층 단면을 나타낸 것이다. (가)~(마) 중 가장 먼저 생성된 지층과 가장 나중에 생성된 지층을 고르고, 그 이유를 서술하시오. (단, 이 지역의 지층은 뒤집히지 않았다.) [6점]

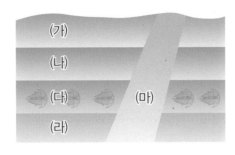

(1) 가장 먼저 생성된 지층

(2) 가장 나중에 생성된 지층

10 다음은 충청남도 보령에서 발견된 매미 날개 화석이다. 날개는 연약하여 화석이 되기 어렵다. 화석이 생성될 수 있는 조건을 3가지 서술하시오. [6점]

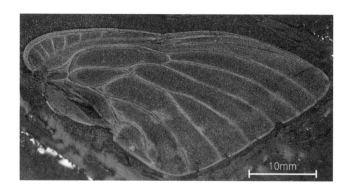

①

②

③

11 다음은 지진이 발생했을 때 지켜야 할 대표적인 안전 수칙이다. 각 안전 수칙을 지켜야 하는 이유를 서술하시오. [6점]

구분	이유
① 책상 밑에 들어가 몸을 웅크린다.	
② 손전등을 휴대한다.	
③ 가스 밸브를 잠근다.	
④ 창문이나 발코니로부터 멀리 떨어진다.	
⑤ 엘리베이터를 이용하지 않고, 비상 계단을 이용한다.	
⑥ 해안에서 멀리 떨어진 곳으로 빨리 대피한다.	

12 다음은 경상남도 고성 지역에 있는 공룡 발자국 화석의 모습이다. 이 사진을 보고 알 수 있는 화석 생성 당시의 환경을 3가지 서술하시오. [7점]

①

②

③

13 다음은 제주도를 대표하는 돌하르방의 모습이다. 돌하르방은 제주도에서 쉽게 볼 수 있는 암석으로 만든 석상이다. 돌하르방을 만드는 암석의 특징을 5가지 서술하시오. [7점]

①
②
③
④
⑤

14 다음 글을 읽고 물음에 답하시오.

2016년 9월 경주에서 국내 관측 사상 최대 규모인 진도 5.8의 지진이 발생했다. 이 지진으로 인해 경주와 그 일대 지역의 건물의 벽이 갈라지고 유리가 깨지는 등의 피해가 컸지만, 신라 시대의 문화재들은 극히 일부만 훼손되었다. 불국사는 자연석을 서로 맞물리게 촘촘히 쌓은 뒤, 그 위에 세우는 기둥의 밑면을 자연석의 모양에 맞춰 정밀하게 깎아 올려 톱니바퀴처럼 맞물리도록 맞췄다. 이러한 전통 건축 방식을 '그랭이 공법'이라고 한다. 그랭이 공법은 돌과 기둥 사이의 공간 때문에 지진으로 인한 충격이 건물에 전달되는 정도가 크게 줄어든다. 이것은 일종의 내진 설계로 볼 수 있다.

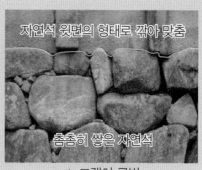

▲ 그랭이 공법

(1) 불국사를 지을 때 사용한 전통 건축 방식인 그랭이 공법에 내진 설계가 적용된 원리를 서술하시오. [5점]

(2) 내진 설계란 지진이 일어났을 때 진동을 견딜수 있도록 건축물을 튼튼하게 하여 내구성을 강화한 설계이다. 최근에는 내진을 넘어 반복되는 지진도 견딜 수 있는 면진 구조가 주목받고 있다. 다음 그림을 보고 내진 구조과 면진 구조의 차이점을 3가지 서술하시오. [7점]

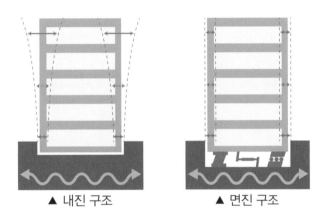

▲ 내진 구조   ▲ 면진 구조

안쌤의 맛있는

영재 모의고사

1회

영재성검사 · 창의적 문제해결력 평가 대비

안쌤의 맛있는

영재 모의고사 2회

4

초등

제한시간 : 90분

지원 부분 :

초등학교   학년   반   이름 :

🍮 시험 시간은 총 90분입니다.

🍮 문제가 1번부터 14번까지 있는지 확인하시오.

🍮 문제지에 학교, 학년, 반, 성명, 지원 부분을 정확히 기입하시오.

🍮 문항에 따라 배점이 다릅니다. 각 물음의 끝에 표시된 배점을 참고하시오.

🍮 필기구 외 계산기 등을 일체 사용할 수 없습니다.

01 칠교 조각 ⓒ과 ②의 넓이와 그림판의 작은 정사각형 한 개의 넓이는 1로 같다. 칠교 조각으로 넓이가 48인 그림을 그리고 제목을 쓰시오. (단, 사용할 수 있는 칠교 조각의 수는 무수히 많다.) [6점]

제목 :

02 다음은 9개의 점으로 이루어진 점판에 각 점을 꼭지점으로 하여 직각삼각형을 만든 것이다.

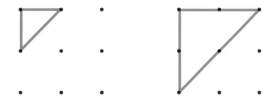

다음과 같이 16개의 점으로 이루어진 점판에 그릴 수 있는 서로 다른 모양의 직각삼각형을 모두 그리시오. [6점]

맛있는
영재 모의고사 **2**회

03 다음은 동물 소리가 나는 시계에서 소리가 나는 경우를 나타낸 것이다. 물음에
답하시오. [6점]

┤ 소리가 나는 경우 ├

① 시침과 분침이 겹칠 때 : 새 소리가 한 번 난다.

② 시침과 분침의 사이의 각이 180°일 때 : 강아지 소리가 한 번 난다.

(1) 정오(낮 12시)에 새 소리를 듣고 난 이후부터 자정(밤 12시)까지 새 소리는
몇 번 나는지 풀이 과정과 함께 구하시오.

(2) 학교를 마치고 5시에 도착하여 자정(밤 12시)까지 동물 소리는 몇 번 나는
지 풀이 과정과 함께 구하시오.

04 2월이 29일까지 있는 해를 윤년이라고 한다. 물음에 답하시오. [6점]

┤ 윤년의 조건 ├

① 4로 나누어떨어지는 연도는 윤년이다.
② ①에서 100으로 나누어떨어지는 연도는 윤년이 아니다.
③ ②에서 400으로 나누어떨어지는 연도는 윤년이다.

[1] 16년부터 2021년까지 윤년은 모두 몇 번인지 풀이 과정과 함께 구하시오.

[2] 가원이의 10번째 생일은 2019년 8월 16일 월요일이다. 가원이의 2020년 생일의 요일을 풀이 과정과 함께 구하시오.

[3] 가원이가 태어난 날의 요일을 풀이 과정과 함께 구하시오.

05 조건에 맞게 정사각형을 연결하여 만들 수 있는 모양을 7가지 그리시오. [7점]

규칙

① 정사각형 내부에는 점이 있으면 안 된다.

② 4개의 정사각형으로 여러 가지 모양을 만들어야 한다.

③ 모든 정사각형은 적어도 하나의 다른 정사각형과 꼭지점 또는 변과 만나야 한다.

④ 돌리거나 뒤집어서 겹치는 것은 같은 모양으로 본다.

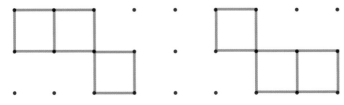

▲ 두 도형은 하나로 본다.

06 정삼각형 2개를 붙여서 만든 도형을 다이아몬드라고 한다. 다이아몬드 3개를 변끼리 붙여서 만들 수 있는 도형을 7가지 그리시오. (단, 돌리거나 뒤집어 겹치는 모양은 같은 모양으로 본다.) [7점]

07 다음 글을 읽고 물음에 답하시오.

벌은 처음에 원 모양의 집을 만들고 난 후 체온으로 밀랍을 가열한다. 밀랍의 온도가 45 ℃가 되면 말랑말랑한 상태가 되는데, 이때 면 3개가 맞닿은 부분에 표면장력이 작용하여 육각형으로 변한다. 이후 일벌은 더듬이 끝부분으로 벽의 두께가 약 0.1 mm로 일정하게 유지되도록 벌집을 완성해간다. 육각형 모양인 벌집은 최소의 재료로 공간을 최대로 넓게 만들 수 있고, 힘을 잘 분산할 수 있는 구조이기 때문에 매우 견고하고 안정하다.

(1) 벌은 육각형으로 평면을 빈틈없이 채워 벌집을 만든다. 다음 다각형 중 평면을 빈틈없이 채울 수 없는 도형을 고르고, 그 이유를 서술하시오. [5점]

▲ 정삼각형   ▲ 정사각형   ▲ 정오각형

(2) 벌집 구조에 사용된 정육각형은 외부의 힘이 잘 분산되어 안정적이고 튼튼하며, 최소의 재료로 넓은 공간을 만들 수 있어 효율이 높은 도형이다. 다음과 같은 허니콤(정육각형) 구조를 활용할 수 있는 아이디어를 이유와 함께 3가지 서술하시오. [7점]

1

2

3

08 사각형 수박은 동그란 수박을 냉장고에 넣었을 때 잘 굴러다니는 보관의 불편함을 없애기 위해 만든 것이다. 이처럼 먹거나 보관하기 불편하다고 생각하는 식물을 고르고 성질이나 모양을 어떻게 바꾸면 좋을지 5가지 서술하시오. [6점]

1

2

3

4

5

09 수정이는 사진 속 식물의 잎을 관찰하고 다음과 같이 분류했다. (가), (나), (다), (라)에 해당하는 식물의 이름을 쓰시오. [6점]

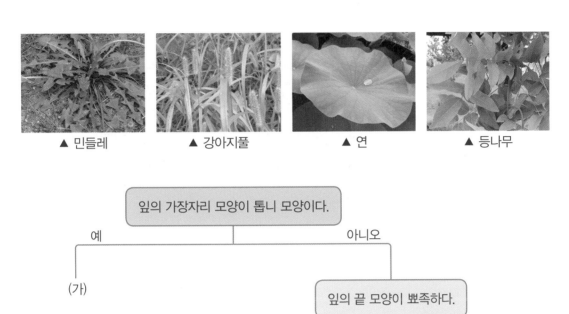

▲ 민들레　　　▲ 강아지풀　　　▲ 연　　　▲ 등나무

잎의 가장자리 모양이 톱니 모양이다.

예 — (가)

아니오 — 잎의 끝 모양이 뾰족하다.

　　예 — 잎맥의 모양이 나란하다.

　　아니오 — (나)

　　　　예 — (다)

　　　　아니오 — (라)

(가) :

(나) :

(다) :

(라) :

10 화단에 씨앗을 심을 때 흙을 깊이 파서 뒤집어 잡초와 돌을 고르고 이랑을 만들어 씨앗 두께의 두세 배 깊이로 심는다. 씨앗 두께의 두세 배 깊이로 심는 이유를 2가지 서술하시오. [6점]

11 강낭콩이 싹 트는 조건을 알아보려고 한다. 강낭콩이 싹 틀 때 햇빛이 미치는 영향을 알아보는 실험 방법을 설계하시오. [6점]

(1) 준비물 :

(2) 같게 해야 할 조건 :

(3) 다르게 해야 할 조건 :

(4) 실험 방법

12

건조한 지역에서 사는 바오밥나무는 수명이 길어 수천 년 동안 살 수 있다. 다음 사진 속 바오밥 나무의 특징을 5가지 서술하시오. [7점]

▲ 바오밥나무

▲ 바오밥나무의 뿌리

▲ 바오밥나무의 잎

1

2

3

4

5

13 가시박은 북아메리카가 원산지인 덩굴성 식물로, 1980년대 후반 오이나 참외 등을 접목하기 위해 수입한 식물이다. 하지만 주변의 모든 나무 끝까지 타고 올라간 뒤 잎과 가지를 완전히 뒤덮어 나무를 말라죽게 만들고 하천을 따라 급격하게 개체수가 증가하여 하천 생태계를 파괴하기 때문에 2009년에 환경부가 생태계교란 야생식물로 지정했다. 가시박을 제거할 수 있는 방법을 5가지 서술하시오. [7점]

① _____

_____

② _____

_____

③ _____

_____

④ _____

_____

⑤ _____

_____

14 다음 글을 읽고 물음에 답하시오.

식물의 90 % 이상은 씨앗으로 번식한다. 환경 오염이나 지구온난화 또는 전쟁 등 각종 재앙에 의해 특정 식물 종자가 사라지는 상황을 대비하기 위해 북극 근처 노르웨이령인 스발바르제도의 스피츠베르겐섬에 스발바르 국제 종자저장고(Svalbard Global Seed Vault)를 2008년에 설립했다.

이곳은 북극점으로부터 약 1,300 km 떨어진 북위 78°의 북극권 영구 동토층에 위치하므로, 씨앗을 보관하기에 알맞다. 또한 스피츠베르겐섬은 지진, 화산 등 기타 자연재해의 위험이 매우 적은 지역이다. 북극 근처라서 추운 곳이지만, 저장고에 냉동시설을 가동하여 세계 각국에서 보내온 약 450만 종의 씨앗을 저장, 보관하고 있다. 세 곳의 지하 저장고에는 최대 1,500만 종의 식물 종자를 보관할 수 있는 시설이다.

(1) 국제 종자저장고가 필요한 이유를 서술하시오. [5점]

(2) 수많은 종자가 국제 종자저장고에서 싹트지 않고 씨앗 상태로 보관될 수 있는 이유는 '종자 휴면' 때문이다. 식물의 종자는 낮은 온도에서는 마치 일부 동물이 겨울잠을 자듯, 껍질 안에서 씨앗 상태를 유지하고, 적당한 온도와 수분 등의 환경이 갖춰졌을 때 싹이 튼다. 그러나 국제 종자저장고가 완벽한 해결책은 아니다. 국제 종자저장고에 추가해야 할 기능이나 장치를 이유와 함께 3가지 서술하시오. [7점]

▲ 보관 중인 종자

①

②

③

안쌤의

맛있는

영재
모의고사

2회

영재성검사 · 창의적 문제해결력 평가 대비

안쌤의
맛있는

영재 모의고사 3회

4
초등

제한시간 : **90**분

지원 부분 :

초등학교   학년   반   이름 :

● 시험 시간은 총 90분입니다.

● 문제가 1번부터 14번까지 있는지 확인하시오.

● 문제지에 학교, 학년, 반, 성명, 지원 부분을 정확히 기입하시오.

● 문항에 따라 배점이 다릅니다. 각 물음의 끝에 표시된 배점을 참고하시오.

● 필기구 외 계산기 등을 일체 사용할 수 없습니다.

01 서현이는 자와 볼펜만 가지고 있다. 칼이나 가위를 사용하지 않고 종이를 반듯하게 자를 수 있는 방법을 3가지 서술하시오. [6점]

1

2

3

02 유진이 집에서 지하철 시작 역까지 거리는 20 km이고, 박물관 역까지 거리는 38 km이다. 물음에 답하시오. (단, 모든 역과 역 사이의 거리는 같다.) [6점]

유진이 집   지하철 시작 역   박물관 역

(1) 유진이 집에서 지하철 마지막 역까지 거리는 134 km이다. 지하철 역은 모두 몇 개인지 풀이 과정과 함께 구하시오.

(2) 유진이 집에서 극장이 있는 역까지의 거리는 56 km이다. 집에서 출발하여 버스를 타고 지하철 시작 역까지 가는데 30분, 지하철로 환승하는 데 5분이 걸린다. 지하철이 움직여서 다음 역까지 가는 데 걸린 시간은 5분이고, 30초 동안 정차했다가 출발한다. 도착역에서 극장까지 걸어가는 데 15분이 걸린다. 유진이가 집에서 출발하여 극장에 도착할 때까지 걸린 시간을 풀이 과정과 함께 구하시오. (단, 지하철 시작 역에서 정차 시간은 무시한다.)

03 다음 수 배열 표에서 표시된 사각형 안의 수의 합은 49이다. 물음에 답하시오. [6점]

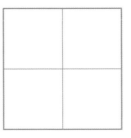

(1) 위 수 배열 표에서 가로 2칸, 세로 2칸으로 이루어진 사각형 안의 수의 합이 35가 되는 수 4개를 찾아 빈칸에 쓰시오.

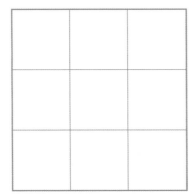

(2) 위 수 배열 표에서 가로 3칸, 세로 3칸으로 이루어진 사각형 안의 수의 합이 108이 되는 수 9개를 2가지 찾아 빈칸에 쓰시오.

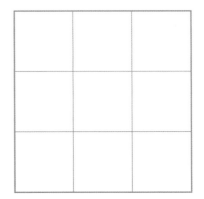

04 다음은 신약 Z를 개발하는 과정에서 단계별로 개발하는 데 걸린 시간을 정리한 표이다. 신약 Z를 가장 빨리 만드는 데 걸린 시간을 풀이 과정과 함께 구하시오. (단, 중간 단계에서 생성된 모든 물질은 10일 동안 안정성 테스트를 하고 나서 다음 단계에 사용할 수 있다.) [6점]

[신약 Z 개발 과정]

과정	개발 시간(일)	설명
A → B	30	A에서 B를 추출한다.
A → C	15	A에서 C를 추출한다.
A → D	20	A에서 D를 추출한다.
B+C → E	50	B와 C로 E를 만든다.
C+D → F	40	C와 D로 F를 만든다.
D → G+H	75	D에서 G와 H를 추출한다.
E → G	10	E에서 G를 추출한다.
F → H	20	F에서 H를 추출한다.
G+H → Z	60	G와 H로 Z를 만든다.

05 다음은 어느 달의 달력이다. 표시한 사각형 안에 있는 수 9개의 합을 구하는 방법을 3가지 서술하시오. [7점]

일	월	화	수	목	금	토
			1	2	3	4
5	6	7	8	9	10	11
12	13	14	15	16	17	18
19	20	21	22	23	24	25
26	27	28	29	30		

①

②

③

06 다음과 같이 동그라미의 개수가 규칙적으로 증가하고 있다.

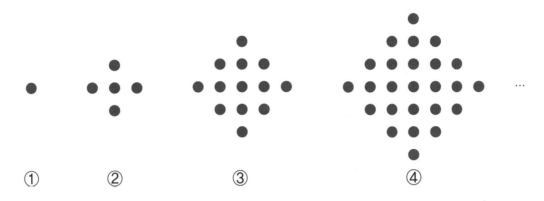

①   ②   ③   ④

②와 ④를 다음과 같은 식으로 나타낼 때 ⑤를 나타낼 수 있는 식을 7가지 쓰시오. [7점]

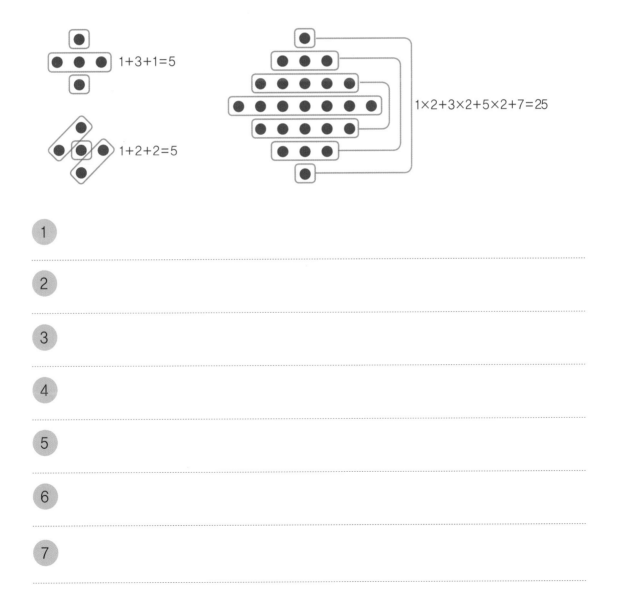

1

2

3

4

5

6

7

07 다음 글을 읽고 물음에 답하시오.

자격루는 시간을 측정하는 물시계(파수호), 시각을 종, 북, 징소리로 알려주는 시보장치(종, 북, 징을 치는 인형 부분), 물시계와 시보장치를 연결하는 신호 발생 장치(2개의 수수호와 잣대)로 구성되어 있다. 대파수호와 수수호 사이에 중파수호와 소파수호를 두면 소파수호에 항상 물이 가득 차 물의 높이가 일정하므로 수수호에 물이 일정하게 채워진다. 수수호에 물이 채워지면 수수호에 있는 잣대가 부력에 의해 위로 떠오르면서 시각에 맞게 연결된 구리판을 튕기면 구슬이 움직여 시각을 알려준다.

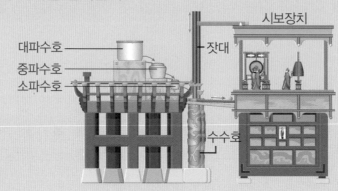

(1) 자격루는 수수호가 2개이다. 하루 동안 한 개의 수수호를 사용하고 다음날은 다른 수수호를 사용하며 사용했던 수수호는 물을 빼고 재정비한다. 만약 수수호로 흘러들어가는 물의 양이 1분에 100 mL라면, 1개의 수수호는 최소 몇 L 이상의 물을 담을 수 있어야 하는지 풀이 과정과 함께 구하시오. [5점]

[2] 다음은 조선 시대의 해시계인 앙부일구이다. 지구가 하루에 한 번씩 일정하게 자전하므로 앙부일구에 생긴 그림자의 위치로 시각을 알 수 있다. 우리 주변에서 찾을 수 있는 시계를 원리와 함께 3가지 서술하시오. [7점]

①

②

③

08 체중계에서 몸을 움직이면 체충계의 눈금이 변하기 때문에 체중을 정확하게 측정할 수 없다. 움직이는 동물의 체중을 정확하게 측정할 수 있는 방법을 5가지 서술하시오. [6점]

① _____

_____

② _____

_____

_____

③ _____

_____

_____

④ _____

_____

_____

⑤ _____

_____

09 다음과 같이 막대 (가)가 기울어진 모빌이 있다. 막대 (가)가 수평이 되게 하는 방법을 3가지 서술하시오. (단, 다른 물체를 이용해도 된다.) [6점]

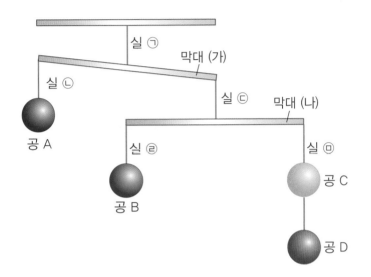

1

2

3

10 연우는 빵을 먹기 전과 후의 몸무게 변화가 궁금하였다. 빵을 먹기 전 연우의 몸무게가 45 kg였다면 때 빵 500 g 먹은 후 곧바로 몸무게를 재면 연우의 몸무게의 변화는 어떠할지 이유와 함께 서술하시오. [6점]

• 몸무게의 변화 :

• 이유 :

11 '흥부와 놀부' 그림자 연극을 하려고 한다. 필요한 준비물과 각 장면을 어떻게 표현할지 서술하시오. [6점]

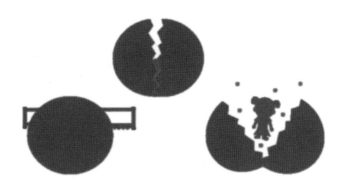

(1) 쪼개진 박에서 사람이 나오는 모습 :

(2) 쪼개진 박에서 빨간 보석이 나오는 모습 :

(3) 박에서 나온 사람이 점점 커지는 모습 :

12 다음은 그리스 신화 속의 나르키소스가 물에 비친 자신의 모습을 바라보는 모습을 나타낸 것이다. 나르키소스가 물에 비친 자신의 모습을 잘 볼 수 있는 날씨와 이유를 3가지 서술하시오. [7점]

1

2

3

13 평면거울 4개를 이용하여 입구로 들어간 빛이 출구를 통해 나올 수 있는 방법을 그림으로 6가지 나타내시오. [7점]

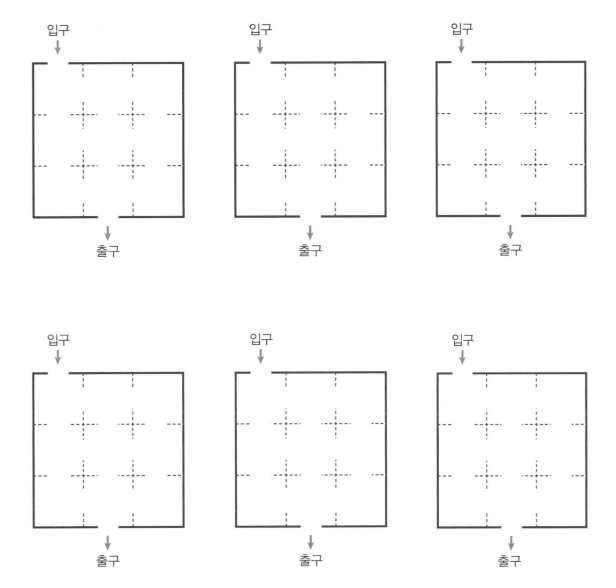

14 다음 글을 읽고 물음에 답하시오.

무게중심이란 물체가 지닌 무게의 중심점으로 무게중심이 낮을수록 물체가 안정하다. 가만히 서 있는 사람의 무게중심은 배꼽 근처에 있고, 어린이는 머리가 크고 다리가 짧으므로 어른보다 좀 더 높은 곳에 무게 중심이 있다. 사람은 몸을 움직일 때마다 무게중심이 계속 변하며, 무게중심이 어디에 있느냐에 따라 인체의 안정성이 달라진다. 인체의 안정성이란 자세가 흐트러지지 않고 균형을 유지하는 상태로 무게중심이 지면과 수직일 때 가장 안정하다.

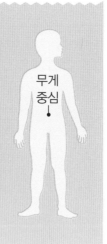

무게중심

(1) 사람이 넘어지지 않고 몸을 움직일 수 있는 이유를 무게중심과 연관지어 서술하시오. [5점]

(2) 사람이 걸을 때는 무게중심에서 지면으로 수직선을 그렸을 때 위치가 발뒤꿈치에서 발바닥, 발끝 순서로 이동한다. 이처럼 사람이 무게중심을 이동하는 경우를 5가지 서술하시오. [7점]

뒤꿈치로 착지한다.　　발바닥이 땅에 닿는다.　　발끝으로 땅을 찬다.

①

②

③

④

⑤

안쌤의 맛있는

영재 모의고사

3회

영재성검사 · 창의적 문제해결력 평가 대비

안쌤의
맛있는

영재 모의고사 4회

4
초등

제한시간 : **90**분

지원 부분 :

초등학교   학년   반   이름 :

🍄 시험 시간은 총 90분입니다.

🍄 문제가 1번부터 14번까지 있는지 확인하시오.

🍄 문제지에 학교, 학년, 반, 성명, 지원 부분을 정확히 기입하시오.

🍄 문항에 따라 배점이 다릅니다. 각 물음의 끝에 표시된 배점을 참고하시오.

🍄 필기구 외 계산기 등을 일체 사용할 수 없습니다.

01

보민, 서율, 시후, 재용, 여훈, 연우는 자전거, 택시, 지하철, 버스, 뛰어가기, 걸어가기 중 서로 다른 방법으로 동시에 학교에서 출발하여 박물관까지 이동했다. 각 학생이 선택한 방법은 무엇인지 풀이 과정과 함께 구하시오. [6점]

[각 방법별 걸린 시간]

구분	자전거	택시	지하철	버스	뛰어가기	걸어가기
시간(분)	15	10	27	20	35	40

(가) 보민이는 버스를 타고 이동했다.
(나) 서율이의 도착 순서는 재용이와 시후의 사이였다.
(다) 재용이는 연우보다 늦게 도착했다.
(라) 도착하는 데 걸린 시간은 시후가 재용이보다 더 길었다.
(마) 시후는 여훈이보다 일찍 도착했다.

(1) 보민 :

(2) 서율 :

(3) 시후 :

(4) 재용 :

(5) 여훈 :

(6) 연우 :

02 외출 후 집에 돌아온 석훈이는 돈이 1000원밖에 남지 않았다. 처음에 석훈이는 외출하자마자 쇼핑센터에서 가진 돈의 반으로 친구 생일 선물을 사고, 2000원짜리 아이스크림을 사 먹었다. 그 후 식당에서 남은 돈의 반으로 점심을 먹고, 1500원짜리 음료수를 사 먹으며 서점에 갔다. 서점에서는 남은 돈의 반으로 책 한 권을 사고, 2500원짜리 포장지를 샀다. 그리고 차비 1000원을 내고 돌아왔다. 석훈이가 외출할 때 갖고 있던 금액은 얼마인지 풀이 과정과 함께 구하시오. [6점]

03 다음은 ㉠~㉰ 칸에 어떤 규칙으로 수를 넣은 수 퍼즐이다. 물음에 답하시오.

[6점]

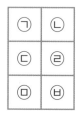

㉠	㉡
㉢	㉣
㉤	㉥

2	1
4	4
6	94

4	3
8	24
28	72

6	5
12	60
66	34

(1) 위 수 퍼즐에서 찾을 수 있는 규칙을 5가지 서술하고, 식으로 나타내시오.

예 ㉡에 1을 더한 수는 ㉠이다. → ㉡+1=㉠

1

2

3

4

5

(2) 위 수 퍼즐의 규칙으로 다음 수 퍼즐을 완성하시오.

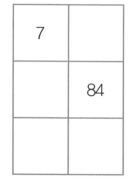

	4
45	

7	
	84

6	
	85

04 다음은 열대어 A, B, C, D, E, F의 먹이 관계를 나타낸 것이다. 모든 열대어가 서로 잡아먹히지 않게 4개의 어항에 넣는 방법은 모두 몇 가지인지 풀이 과정과 함께 구하시오. (단, 비어 있는 어항은 없다.) [6점]

┤ 열대어의 먹이 관계 ├

- A는 B만 잡아먹는다.
- B는 C만 잡아먹는다.
- C는 D만 잡아먹는다.
- D는 A와 C만 잡아먹는다.
- E는 B와 D만 잡아먹는다.
- F가 잡아 먹을 수 있는 열대어는 없다.

05 다음 조건에 맞게 퍼즐을 완성하시오. [7점]

┤ 조건 ├

① 모든 빈칸에 숫자를 채워 넣는다.

② 모든 가로줄과 세로줄에는 1부터 6까지 숫자가 한 번씩만 들어간다.

③ 굵은 선으로 나누어진 영역 안에도 1부터 6까지 숫자가 한 번씩만 들어간다.

▲ 1부터 4까지 숫자를 채워 넣은 퍼즐

06 영기네 반 학생 수는 남학생 7명, 여학생 9명이다. 물음에 답하시오. [7점]

(1) 남학생 7명, 여학생 7명이 댄스 공연을 하려고 한다. 여학생 중에서 댄스 공연에 참여할 사람을 뽑는 방법은 몇 가지인지 풀이 과정과 함께 구하시오.

(2) 영기, 예찬, 도윤, 지찬, 성백, 채빈 6명이 한 줄로 대열을 만들어 합창하려고 한다. 영기, 예찬, 도윤 3명을 이 순서대로 붙어서 대열을 만드는 방법은 몇 가지인지 풀이 과정과 함께 구하시오.

07 다음 글을 읽고 물음에 답하시오.

버스전용차로는 대중교통수단인 버스의 원활한 통행을 위해 버스만 이용할 수 있는 차로이다. 제일 바깥쪽 차선을 전용으로 하는 가로변 버스전용차로와 가장 안쪽 차선을 전용으로 하는 중앙 버스전용차로가 있다. 중앙 버스전용차로는 건설 비용이 많이 들고 일반 차선의 수가 줄어드는 단점이 있으나 통행 효과가 확실하고 일반 차량과 섞이지 않아 위반 차량이 거의 없다.

▲ 가로변 버스전용차로

▲ 중앙 버스전용차로

(1) 평균은 전체의 합을 자료의 개수로 나눈 값으로 점수나 기록 등을 나타낼 때 사용한다. 다음 자료를 바탕으로 143번 버스의 하루 평균 이용자 수를 풀이 과정과 함께 구하시오. [5점]

[143번 버스의 날짜별 이용자 수]

날짜	1일	2일	3일	4일	5일
이용자 수(명)	45200	48160	42170	43780	46990

(2) 다음은 최근 5년 동안 서울시 중앙 버스전용차로에서 발생한 교통사고 횟수, 사망자 수, 부상자 수이다. 중앙 버스전용차로에서의 사망률은 일반도로보다 3.6배 이상 높다. 중앙 버스전용차로에서 발생하는 교통사고를 줄일 수 있는 대책을 3가지 서술하시오. [7점]

[서울시 중앙 버스전용 차로에서 발생한 교통사고 조사 자료]

연도	2015년	2016년	2017년	2018년	2019년	합계
교통사고 횟수(회)	260	168	137	137	151	853
사망자 수(명)	6	6	9	3	7	31
부상자 수(명)	531	645	249	321	318	2064

1

2

3

08 다음 단어가 나열된 규칙을 서술하고, 규칙에 따라 주어진 단어에서 시작하여 주어진 단어를 제외하고 10개의 단어를 나열하시오. [6점]

수증기 - 가수 - 교가 - 학교 - 어학 - 연어 - 자연 - 여행자 - …

• 규칙 :

• 혼합물 :

09 크기, 모양, 색깔 등이 같아 겉보기로 구별할 수 없는 철 캔, 알루미늄 캔, 플라스틱 병이 섞여 있다. 섞여 있는 캔을 종류별로 분리할 수 있는 방법을 순서대로 서술하시오. [6점]

10 다음은 흙탕물이나 바닷물을 정수할 수 있는 워터콘의 모습이다. 바닥의 검은색 통에 흙탕물이나 바닷물을 넣고 뚜껑을 닫은 후 햇빛이 비치는 곳에 두면 하루에 깨끗한 물 약 1L를 얻을 수 있다. 워터콘 뚜껑의 구조를 그림으로 나타내고, 깨끗한 물을 얻을 수 있는 원리를 서술하시오. [6점]

• 구조 :

• 원리 :

11 폭염으로 더운 여름에 물차로 도로에 물을 뿌리는 모습을 볼 수 있다. 물을 뿌려 더위를 식히는 원리를 2가지 서술하시오. [6점]

①

②

12 다음은 보건용 마스크 (가)~(라)의 특징을 정리한 것이다.

구분	사용했을 때 느낌	미세 먼지 제거량 측정 실험 ①	미세 먼지 제거량 측정 실험 ②
(가)	부드럽고 숨쉬기 힘들다.	100 → 5 (95 %)	100 → 10 (90 %)
(나)	매우 부드럽고 숨쉬기 편하다.	100 → 40 (60 %)	100 → 35 (75 %)
(다)	부드럽고 숨쉬기 편하다.	100 → 20 (80 %)	100 → 15 (85 %)
(라)	거칠고 숨쉬기 편하다.	100 → 20 (80 %)	100 → 25 (75 %)

미세먼지를 예방하기 위한 마스크로 (다)가 가장 적당하다고 할 때, 미세먼지 마스크를 만들 때 고려해야 할 점을 3가지 서술하시오. [7점]

1

2

3

13 물을 끓이면 수증기가 되어 공기 중으로 날아간다. 물을 끓이지 않고, 물을 수증기로 만들 수 있는 방법을 3가지 서술하시오. [7점]

1

2

3

14 다음 글을 읽고 물음에 답하시오.

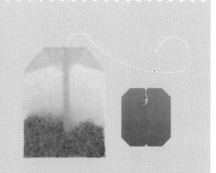

차의 역사는 기원전 2700년경 중국에서 시작되었다. 중국의 차는 15~16세기경 유럽으로 전파되었고, 특히 영국에서 폭발적인 인기를 끌었다. 이때까지만 해도 차는 주전자에 끓인 후 찻잎을 걸러내어 마셨다. 현재 우리가 사용하는 티백의 상품화 및 실용화가 이루어진 곳은 미국이었다. 1904년 뉴욕의 차 상인 토마스 설리번은 차를 홍보하기 위해 비단 주머니에 한 잔 분량의 차를 담아 고객들에게 보냈다. 고객들은 찻잎을 감싼 비단 주머니를 물에 넣어서 차를 우려냈다. 이 모습을 본 설리번은 비단 주머니 대신 면 거즈에 차를 담은 티백을 만들어 판매했다. 티백은 차를 마시기 위해 일일이 차를 계량할 필요가 없으며, 뜨거운 물에 우려낸 후 남은 찻잎을 따로 건져내야 하는 불편함도 없다. 티백을 사용하면서 사람들은 간편하게 차를 마실 수 있게 되었다.

(1) 차를 마실 때 티백에 적용된 혼합물의 분리 방법을 서술하시오. [5점]

(2) 우리 생활 속에서 티백과 같은 원리가 적용된 생활용품을 원리와 함께 5가지 서술하시오. [7점]

1

2

3

4

5

안쌤의
맛있는

영재
모의고사

4회

영재성검사 · 창의적 문제해결력 평가 대비

지금까지 이런 방탈출은 없었다.
이것은 미션인가? 수학인가? 과학인가?

안쌤과 함께하는
신나는 방탈출 시리즈

뇌섹남, 뇌섹녀를 위한 방탈출 추리 미션 도서로,

미션을 해결할수록 융합사고력, 창의적 문제해결력이 길러집니다.

안쌤의
경시사고력 초등 수학 시리즈

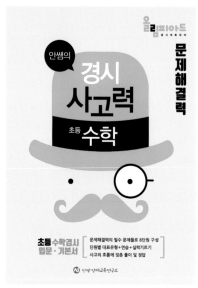
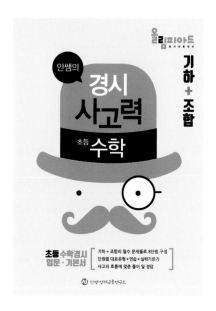

교내·외 경시대회, 창의사고력 대회, 영재교육원에서
자주 출제되는 경시사고력 유형을
대수, 문제해결력, 기하＋조합 영역으로 분류하고
초등학생들의 수학 사고력을 기를 수 있는

신개념 초등 수학경시 기본서입니다.

영재성검사 · 창의적 문제해결력 평가 대비

안쌤의
맛있는

영재
모의고사

평가
가이드

초등 4

창의와 사고

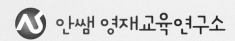 안쌤 영재교육연구소

상위 1%가 되는 길로 안내하는 이정표로,
학생들이 꿈을 이루어갈 수 있도록 콘텐츠 개발과 강의 연구를 하고 있다.

공동저자

김단영(한국영재교육학회 이사), 정영철(행복한 영재들의 놀이터)

검수

강미라(엔씨마영재과학), 김세인(강동파인만), 김영윤(윤수학), 김은미(KCS생각더하기학원), 소선영,

신선미(수노리사고력수학), 원주하(슈필원수학전문학원), 이수정(CMS 신월성 영재센터),

이태영(다빈치사고력수학학원), 전익찬, 정은주(피노키오쌤수학교육연구소), 정회은(CnT),

조길현(브레노스 영재원), 조연서(카이스트 플러스 수학), 조은실(새움MSG·새움수학원), 황가영(JEA학원)

안쌤의

맛있는

영재
모의고사

4
초등

평가가이드

수학 · 과학 문항 **구성** 및 **채점표**
문항별 **채점 기준**

평가가이드 1회

수학 : 문항 구성 및 채점표

영역 문항	일반 창의성		수학 사고력		수학 창의성		수학 융합사고력	
	유창성	독창성·융통성	개념 이해력	개념 응용력	유창성	독창성·융통성	문제 이해력	문제 해결력
1	점							
2			점					
3				점				
4				점				
5					점			
6					점			
7							점	점

평가 영역별 점수	개념 이해력	개념 응용력	유창성	독창성 및 융통성	문제 이해력	문제 해결력
	수학 사고력		일반 / 수학 창의성		수학 융합사고력	
	/ 18점		/ 20점		/ 12점	

총점˙	/ 50점

평가 결과에 따른 학습 방향

수학 사고력	16점 이상	정확하게 답안을 작성하는 연습하세요.
	11~15점	교과 개념과 연관된 응용문제로 문제 적응력을 기르세요.
	10점 이하	틀린 문항과 관련된 교과 개념을 다시 공부하세요.

일반 / 수학 창의성	17점 이상	보다 독창성 및 융통성 있는 아이디어를 내는 연습하세요.
	11~16점	다양한 관점의 아이디어를 더 내는 연습하세요.
	10점 이하	적절한 아이디어를 더 내는 연습하세요.

수학 융합사고력	10점 이상	답안을 보다 구체적으로 작성하는 연습하세요.
	6~9점	문제 해결 방안의 아이디어를 다양하게 내는 연습하세요.
	5점 이하	실생활과 관련된 수학 기사로 수학적 사고를 확장하는 연습하세요.

과학 : 문항 구성 및 **채점표**

문항 \ 영역	일반 창의성		과학 사고력		과학 창의성		과학 융합사고력	
	유창성	독창성·융통성	개념 이해력	탐구력	유창성	독창성·융통성	문제 이해력	문제 해결력
8	점	점						
9				점				
10		점						
11		점						
12					점	점		
13					점	점		
14							점	점

평가 영역별 점수	개념 이해력	탐구력	유창성	독창성 및 융통성	문제 이해력	문제 해결력
	과학 사고력		일반 / 과학 창의성		과학 융합사고력	
	/ 18점		/ 20점		/ 12점	

총점	/ 50점

평가 결과에 따른 **학습 방향**

과학 사고력	16점 이상	정확하게 답안을 작성하는 연습하세요.
	11~15점	교과 개념과 연관된 응용문제로 문제 적응력을 기르세요.
	10점 이하	틀린 문항과 관련된 교과 개념을 다시 공부하세요.

일반 / 과학 창의성	17점 이상	보다 독창성 및 융통성 있는 아이디어를 내는 연습하세요.
	11~16점	다양한 관점의 아이디어를 더 내는 연습하세요.
	10점 이하	적절한 아이디어를 더 내는 연습하세요.

과학 융합사고력	10점 이상	답안을 보다 구체적으로 작성하는 연습하세요.
	6~9점	문제 해결 방안의 아이디어를 다양하게 내는 연습하세요.
	5점 이하	실생활과 관련된 과학 기사로 과학적 사고를 확장하는 연습하세요.

01

일반 창의성

평가 영역 : 유창성

- 945＝314＋315＋316
- 945＝187＋188＋189＋190＋191
- 945＝155＋156＋157＋158＋159＋160
- 945＝132＋133＋134＋135＋136＋137＋138
- 945＝101＋102＋103＋104＋105＋106＋107＋108＋109
- 945＝61＋62＋63＋64＋65＋66＋67＋68＋69＋70＋71＋72＋73＋74
- 945＝56＋57＋58＋59＋60＋61＋62＋63＋64＋65＋66＋67＋68＋69＋70
- 945＝44＋45＋46＋47＋48＋49＋50＋51＋52＋53＋54＋55＋56＋57＋58＋59＋60＋61

※ 유창성 [6점]

총체적 채점 기준	점수
3가지를 바르게 서술한 경우	6점
2가지를 바르게 서술한 경우	4점
1가지를 바르게 서술한 경우	2점

02

수학 사고력

평가 영역 : 개념 이해력

(1) [모범답안]

- 풀이 과정
  1 L 우유 10병을 사면 500 mL 행사용을 받으므로
  10000원으로 살 수 있는 우유의 양은 총 10.5 L이다.
  4월과 5월은 총 61일이며 61÷10.5＝5…8.5이므로
  필요한 금액은 10000×5＋1000×8＋600×1＝58600(원)이다.
- 정답 : 58600원

※ 개념 이해력 [6점]

요소별 채점 기준	점수
(1)을 바르게 구한 경우	2점
(2)를 바르게 구한 경우	2점
(3)를 바르게 구한 경우	2점

(2) [모범답안]

- 풀이 과정
  365÷10.5＝34…8, 10000×34＋1000×8＝348000(원)
- 정답 : 348000원

(3) [모범답안]

- 풀이 과정
  두 사람이 하루 동안 마시는 우유의 양은 1＋0.5 ＝1.5(L)이다.
  1 L 우유 10병을 사면 500 mL 행사용을 받으므로 우유의 양은 총 10.5 L가 되고,
  10.5÷1.5＝7(일) 동안 마실 수 있다.
  7일 동안 필요한 금액은 1000×10＝10000(원)이다.
  6월은 30일까지 있고 30÷7＝4…2이고, 나머지 2일 동안은 우유 1.5×2＝3(L)가 필요하다.
  필요한 금액은 10000×4＋1000×3＝43000(원)이다.
- 정답 : 43000원

수학 사고력

평가 영역 : 개념 응용력

[모범답안]

3	4	5	5	
	5	3	3	
		5	3	4
	4	3	5	4
3	3			3

※ 개념 응용력 [6점]

요소별 채점 기준	점수
두 자리 수를 모두 알맞은 위치에 넣은 경우	2점
세 자리 수를 모두 알맞은 위치에 넣은 경우	2점
네 자리 수를 모두 알맞은 위치에 넣은 경우	2점

04

수학 사고력

평가 영역 : 개념 응용력

(1) [모범답안]

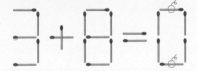

※ 개념 응용력 [6점]

요소별 채점 기준	점수
(1)을 바르게 만든 경우	3점
(2)를 바르게 만든 경우	3점

(2) [모범답안]

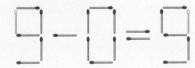

[해설]

(1)

숫자 0에서 성냥개비 2개를 빼면 3+8=11이 된다.

(2)

숫자 3과 5에 성냥개비를 각각 1개씩 더하면 9-0=9가 된다.
초등에서 음수를 다루지는 않지만, 3-8=-5도 정답으로 인정한다.

05

수학 창의성

평가 영역 : 유창성

[예시답안]

- 덧셈 기호만 사용하기 : 9+8+7+0, 9+8+6+1, 9+8+5+2, 9+8+4+3, 9+7+6+2, 9+7+5+3, 9+6+5+4 등
- 곱셈 기호 1개 사용하기 : 9×1+8+7, 9×2+7−1, 9×2+6+0, 9×2+5+1, 9×3−1−2 등
- 곱셈 기호 2개 사용하기 : 2×6+3×4, 2×9+6×1, 4×9−2×6, 5×6−2×3 등

※ 유창성 [7점]

요소별 채점 기준	점수
(1)을 3가지 바르게 구한 경우	2점
(1)을 1~2가지 바르게 구한 경우	1점
(2)을 3가지 바르게 구한 경우	2점
(2)을 1~2가지 바르게 구한 경우	1점
(3)을 3가지 바르게 구한 경우	3점
(3)을 2가지 바르게 구한 경우	2점
(3)을 1가지 바르게 구한 경우	1점

06

수학 창의성

평가 영역 : 유창성

[예시답안]

- 3×40=120
- 3×41=123
- 3×44=132
- 3×67=201
- 3×68=204
- 3×70=210
- 3×71=213
- 3×77=231
- 3×78=234
- 3×80=240
- 3×81=243

※ 유창성 [7점]

총체적 채점 기준	점수
10가지를 바르게 찾은 경우	7점
9가지를 바르게 찾은 경우	6점
8가지를 바르게 찾은 경우	5점
7가지를 바르게 찾은 경우	4점
6가지를 바르게 찾은 경우	3점
4~5가지를 바르게 찾은 경우	2점
1가지를 바르게 찾은 경우	1점

(1) [모범답안]

• 풀이 과정

구권 천 원권의 가로 길이는 $13\frac{3}{5}+1\frac{1}{2}=15\frac{1}{10}$ (cm)이고,

구권 천 원권, 오천 원권, 만 원권의 가로 길이는 $\frac{1}{2}$ cm씩 커지므로

구권 만 원권의 가로 길이는 $15\frac{1}{10}+\frac{1}{2}+\frac{1}{2}=16\frac{1}{10}$ (cm)이다.

• 정답 : $16\frac{1}{10}$ (cm)

(2) [예시답안]

• 시각장애인이 크기로 금액을 구별하기 위해서이다.
• 자동판매기, ATM기 등에서 자동화가 편리하기 때문이다.
• 위조지폐를 막기 위해서이다.

※ 문제 이해력 [5점]

요소별 채점 기준	점수
풀이 과정을 바르게 서술한 경우	3점
정답을 바르게 구한 경우	2점

※ 문제 해결력 [7점]

요소별 채점 기준	점수
3가지를 이유와 함께 바르게 서술한 경우	7점
2가지를 이유와 함께 바르게 서술한 경우	4점
1가지를 이유와 함께 바르게 서술한 경우	1점

[해설]

(2)

지폐의 규격은 전권종 동일형, 가로 확대형(세로 고정형), 가로·세로 확대형 3가지로 분류된다. 그중 우리나라는 가로 확대형(세로 고정형)을 사용한다. 지폐를 한 뭉치로 묶거나 지갑에 넣을 때 불편함이 없도록 세로 길이는 같게 하고 가로 길이는 다르게 한다. 가로 확대형(세로 고정형)은 권종별 구별이 쉽고 기계 처리가 편리하여 여러 나라에서 사용한다. 우리나라와 일본은 1980년대부터, 프랑스, 스위스, 덴마크 등은 1990년대부터, 유로화는 2002년부터 가로 확대형(세로 고정형)을 사용하고 있다.

시각장애인들은 지폐 속 점자로 금액을 구별하는데 지폐가 훼손되면 점자 인식이 어려워 크기 차이로 화폐를 구별한다. 자동화 기계는 지폐의 크기, 투명도, 특수 문양 등으로 지폐의 금액을 인식한다. 지폐의 금액이 커질수록 지폐의 크기가 커진다. 일반적으로 지폐의 크기를 가장 작은 지폐인 천 원권으로 모두 같게 하면 종이와 염료가 적게 들므로 생산 비용이 절감된다. 하지만 소액권의 종이로 고액권을 만들 수 있기 때문에 고액권일수록 지폐의 크기를 크게 하여 위조할 수 없게 한다.

08 일반 창의성

평가 영역 : 유창성, 독창성 및 융통성

[예시답안]

- 자연 현상으로 일어나는 재해(자연재해)이다.
- 아직까지 인간의 능력으로 막기 어렵다.
- 언제 발생할지 예측하기 어렵다.
- 지층의 움직임과 관련 있는 현상이다.
- 지구 내부의 힘에 의해 발생하는 자연 현상이다.
- 우리나라에서도 발생할 수 있다.
- 화산 활동이 활발한 곳과 지진이 자주 발생하는 지역이 비슷하다.
- 화산이 폭발하거나 지진이 발생하면 환경이 파괴된다.
- 화산이 폭발하거나 지진이 발생하면 인명이나 재산 피해가 생길 수 있다.
- 지구에서뿐만 아니라 달이나 화성에서도 화산과 지진이 일어난다.

※ 유창성 [4점]

총체적 채점 기준	점수
10가지를 바르게 서술한 경우	4점
7~9가지를 바르게 서술한 경우	3점
4~6가지를 바르게 서술한 경우	2점
1~3가지를 바르게 서술한 경우	1점

※ 독창성 및 융통성 [2점]

요소별 채점 기준	점수
화산과 지진의 원인에 대해 바르게 서술한 경우	1점
발생하는 장소에 대해 바르게 서술한 경우	1점

09 과학 사고력

평가 영역 : 탐구력

(1) [모범답안]

가장 먼저 생성된 지층 : (라), 평행한 지층의 경우 가장 아래쪽이 가장 오래된 지층이다.

(2) [모범답안]

가장 나중에 생성된 지층 : (마), 다른 지층을 뚫고 들어왔기 때문이다.

※ 탐구력 [6점]

요소별 채점 기준	점수
(1)을 바르게 고른 경우	1점
(1)의 이유를 바르게 서술한 경우	2점
(2)를 바르게 고른 경우	1점
(2)의 이유를 바르게 서술한 경우	2점

[해설]

지층은 수평으로 퇴적되며 특별한 지각 변동을 겪지 않았다면, 아래쪽의 지층이 먼저 쌓인 것이다. 이러한 원리를 '지층 누중의 법칙'이라고 한다. 또한, 지하에서 생성된 마그마는 분출하기 전 상부의 지층을 밀어올리거나 녹이면서 올라온다. 이 경우 지층이 생성된 후에 마그마의 관입이 있었기 때문에 더 최근에 생긴 것이다. 이러한 원리를 '관입의 법칙'이라고 한다.

10 과학 사고력
평가 영역 : 개념 이해력

- 생물이 빠르게 퇴적물에 묻혀야 한다.
- 생물의 몸체에 단단한 부분이 있어야 한다.
- 생물의 몸체나 흔적이 퇴적층에 묻혀 오랜 시간 동안 단단하게 굳어져 야 한다.
- 화석이 들어 있는 지층이 화산 활동, 습곡, 단층의 변화를 받지 않아야 한다.

※ 개념 이해력 [6점]

요소별 채점 기준	점수
화석의 생성 조건 3가지를 바르게 서술한 경우	6점
화석의 생성 조건 2가지를 바르게 서술한 경우	4점
화석의 생성 조건 1가지를 바르게 서술한 경우	2점

[해설] 화석은 과거에 살았던 생물의 몸체나 흔적이 암석이나 지층 속에 남아 있는 것이다. 화석이 생성 되는 과정은 다음과 같다. 생물이나 생물의 흔적 위로 퇴적물이 쌓인 후 퇴적물이 계속 쌓여 오랜 시간이 지나면 단단한 퇴적층이 만들어지고, 그 안에 묻힌 생물도 단단해진다. 이후 퇴적층이 땅 위로 올라와 침식되어 깎이면 화석이 드러난다. 화석이 빨리 퇴적물에 묻혀야 썩거나 다른 생물에 게 먹히지 않고, 몸체에 단단한 부분이 있어야 지층 속에 흔적을 남길 수 있다. 또한, 단단하게 굳 어지는 과정이 있어야 땅 위로 올라와 침식된 후 형태를 알아볼 수 있다. 이 밖에 생물의 수가 많 을수록 화석이 되기 쉽고, 지각 변동을 받지 않아야 형태를 오랫동안 보존할 수 있다.

[모범답안]

구분	이유
① 책상 밑에 들어가 몸을 웅크린다.	• 지진에 의해 위에 있던 물건들이 떨어질 수 있기 때문이다. • 지진에 의해 구조물이 무너질 수 있기 때문이다. • 책상 등 단단한 물건 밑으로 들어가 머리를 보호해야 하기 때문이다.
② 손전등을 휴대한다.	• 지진에 의해 전기가 끊어질 수 있기 때문이다. • 손전등 불빛으로 주변을 살필 수 있기 때문이다.
③ 가스 밸브를 잠근다.	• 지진에 의해 가스관이 파열되어 가스가 새어 나올 수 있기 때문이다. • 새어나온 가스로 인한 화재를 막을 수 있기 때문이다.
④ 창문이나 발코니로부터 멀리 떨어진다.	• 지진에 의해 창문이 깨지거나 발코니가 떨어질 수 있기 때문이다.
⑤ 엘리베이터를 이용하지 않고, 비상 계단을 이용한다.	• 지진에 의해 엘리베이터가 중간에서 멈추거나 줄이 끊어져 추락할 수 있기 때문이다.
⑥ 해안에서 멀리 떨어진 곳으로 빨리 대피한다.	• 지진에 의해 해일이 발생할 수 있기 때문이다.

※ 개념 이해력 [6점]

요소별 채점 기준	점수
①의 이유를 바르게 서술한 경우	1점
②의 이유를 바르게 서술한 경우	1점
③의 이유를 바르게 서술한 경우	1점
④의 이유를 바르게 서술한 경우	1점
⑤의 이유를 바르게 서술한 경우	1점
⑥의 이유를 바르게 서술한 경우	1점

12

과학 창의성

평가 영역 : 유창성, 독창성 및 융통성

[예시답안]

- 바닥이 진흙이었을 것이다.
- 다른 생물이 지나다니지 않았을 것이다.
- 공룡이 살기 적당한 기후였을 것이다.
- 공룡이 지난 간 후에 비가 오지 않았을 것이다.

※ 유창성 [5점]

총체적 채점 기준	점수
3가지를 바르게 서술한 경우	5점
2가지를 바르게 서술한 경우	4점
1가지를 바르게 서술한 경우	3점

※ 독창성 및 융통성 [2점]

요소별 채점 기준	점수
공룡 이외 다른 생물 요소에 대해 서술한 경우	1점
기상 현상이나 기후에 대해 서술한 경우	1점

[해설]

단단한 암석에는 발자국을 남기기 어려우므로 공룡이 진흙으로 된 곳을 지나갔을 때 발자국 모양이 그대로 찍혔을 것이다. 공룡 발자국 외에 다른 생물의 발자국이 없는 것으로 보아 다른 생물이지나 다니지 않았고, 발자국이 찍힌 후 비가 오지 않아 발자국 모양이 그대로 유지되었을 것이다. 공룡 발자국은 공룡이 살았다는 증거이므로 해당 지역이 공룡이 살기 적당한 기후였음을 알 수 있다.

13

과학 창의성

평가 영역 : 유창성, 독창성 및 융통성

[예시답안]

- 색깔이 어두운색(검은색, 진한 회색)이다.
- 겉 표면에 구멍이 뚫려 있다.
- 표면이 거칠거칠하다.
- 암석을 이루는 알갱이의 크기가 맨눈으로 구별하기 어려울 정도로 작다.
- 화산과 마그마의 활동으로 만들어졌다.
- 지표면이나 지표 가까운 곳에서 생성되었다.
- 암석이 만들어질 때 마그마(용암)가 비교적 빨리 식었다.

※ 유창성 [5점]

총체적 채점 기준	점수
5가지를 바르게 서술한 경우	5점
4가지를 바르게 서술한 경우	4점
3가지를 바르게 서술한 경우	3점
2가지를 바르게 서술한 경우	2점
1가지를 바르게 서술한 경우	1점

※ 독창성 및 융통성 [2점]

요소별 채점 기준	점수
감각 기관으로 관찰할 수 있는 것을 서술한 경우	1점
생성 원인과 관련 있는 것을 서술한 경우	1점

[해설]

돌하르방을 만드는 암석은 현무암이다. 현무암은 마그마가 땅위로 분출하거나 지표 가까운 곳에서 비교적 빨리 식어 만들어진 암석으로 알갱이의 크기가 작고, 마그마에 있던 기체가 빠져나가지 못해 기체가 갇혀 있던 곳에 크고 작은 구멍이 생긴다.

14

과학 융합사고력

평가 영역 : 문제 이해력, 문제 해결력

(1) [모범답안]

자연석을 촘촘히 쌓은 뒤 그 위에 세우는 기둥의 밑면을 자연석의 모양에 맞춰 정밀하게 깎아 맞춰 올리면 돌과 기둥 사이의 공간 때문에 지진으로 인한 충격이 줄어든다.

※ 문제 이해력 [5점]

요소별 채점 기준	점수
지진으로 인한 충격이 줄어드는 원인을 바르게 서술한 경우	3점
돌을 쌓아 올린 방식(그랭이 공법)에 대해 서술한 경우	2점

(2) [예시답안]

- 내진 구조는 땅에 건물이 붙어 있고, 면진 구조는 땅과 건물이 분리되어 있다.
- 내진 구조는 건축물 내부에 내진벽을 설치하고, 면진 구조는 건축물 하부에 고무 블록 등을 설치한다.
- 지진이 발생했을 때 내진 구조로 지은 건물은 높은 층으로 갈수록 흔들리는 폭이 커지지만, 면진 구조로 지은 건물은 높이에 상관없이 흔들리는 폭이 일정하다.
- 내진 구조는 지진에 대항하는 것이고, 면진 구조는 지진을 피하는 것이다.
- 면진 구조로 지은 건물이 내진 구조로 지은 건물보다 비용이 많이 든다.
- 면진 구조로 지은 건물이 내진 구조로 지은 건물보다 지진에 견딜 수 있는 성능이 좋다.

※ 문제 해결력 [7점]

요소별 채점 기준	점수
3가지를 바르게 서술한 경우	7점
2가지를 바르게 서술한 경우	4점
1가지를 바르게 서술한 경우	1점

[해설]

(1)

그랭이 공법은 자연석 위에 기둥을 세울 때 기둥 아래쪽을 자연석 윗면의 굴곡과 같은 모양으로 그린 다음 그 부분을 다듬어서 자연석과 기둥이 마치 톱니바퀴 물리듯 맞물리도록 맞추는 것이다. 그랭이란 한쪽 다리에 먹물을 찍은 뒤 다른 재료에 그대로 옮기도록 한 도구로 오늘날에 사용하는 컴퍼스(compass)와 비슷하다. 기둥을 자연석 위에 수직으로 세우고 그랭이의 먹물을

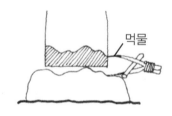

먹물

묻힌 다리는기둥 밑에, 나머지 다리는 자연석의 윗면에 닿게 하여 높낮이를 따라 상하로 오르내리면서 기둥을 한 바퀴 돌면 기둥 밑둥에 자연석의 굴곡에 따른 선이 그려진다. 그랭이로 자연석의 모양을 그대로 그려서 세운 기둥의 모습은 돌 위에 기둥이 자연스럽게 올려져 있는 형태이다. 기둥에 홈을 내고 주춧돌에 단단히 박아서 고정하는 것과 전혀 다른 형태이다. 돌에 홈을 내고 기둥을 박은 건물은 지진 발생 시 내려앉거나 부서질 확률이 상대적으로 높다. 반면에 그랭이 공법을 통해 지은 건물은 돌과 기둥 사이의 공간 때문에 지진으로 인한 충격이 건물에 전달되는 정도가 크게 줄어들어 건물이 어긋나지 않고 원래의 모습을 보전할 수 있다.

(2)

내진 설계란 지진 발생 시 건축물의 균열 또는 붕괴 사고로부터 안전하기 위해 내진을 적용한 설계이다. 우리나라는 최근 지진 발생 빈도가 높아지고 있어 2017년부터 2층 이상의 건축물은 내진 설계 대상이 되었다. 내진 설계를 위해 내진 구조, 면진 구조, 제진 구조 등으로 건물을 짓는다.

내진 구조란 지진이 발생해도 전체적인 구조나 내부 시설물이 파손되지 않도록 튼튼하게 건설하는 방법으로 건축물 내부에 철근 콘크리트의 내진벽과 같은 부재를 설치해 강한 흔들림에도 붕괴하지 않게 한다. 면진 구조는 지반과 건물을 분리해 지진 에너지의 전달을 감소하는 방법으로 적층 고무 베어링, 고무 블록과 같은 면진 장치를 지면과 건물 사이에 배치해 지반의 흔들림이 면진 장치를 통해 완화돼 전달되기 때문에 비교적 안전하다. 제진 구조는 다양한 종류의 제진 장치를 이용해 지진 에너지를 낮추는 방법이다. 지진이 발생하면 관성에 의해 건물이 진동하는데 제진 장치가 건물의 진동을 줄여 피해를 줄인다. 내진 구조는 건물 자체는 튼튼하지만, 큰 지진은 버티기 힘들다. 면진 구조와 제진 구조는 지진으로 인한 건물 손상이 적다. 그러나 내진 구조보다 비용이 많이 든다.

평가가이드 2회

수학 : 문항 구성 및 **채점표**

영역 문항	일반 창의성		수학 사고력		수학 창의성		수학 융합사고력	
	유창성	독창성·융통성	개념 이해력	개념 응용력	유창성	독창성·융통성	문제 이해력	문제 해결력
1		점						
2			점					
3				점				
4				점				
5					점			
6					점			
7							점	점

평가 영역별 점수	개념 이해력	개념 응용력	유창성	독창성 및 융통성	문제 이해력	문제 해결력
	수학 사고력		일반 / 수학 창의성		수학 융합사고력	
	/ 18점		/ 20점		/ 12점	

총점	/ 50점

평가 결과에 따른 **학습 방향**

수학 사고력	16점 이상	정확하게 답안을 작성하는 연습하세요.
	11~15점	교과 개념과 연관된 응용문제로 문제 적응력을 기르세요.
	10점 이하	틀린 문항과 관련된 교과 개념을 다시 공부하세요.

일반 / 수학 창의성	17점 이상	보다 독창성 및 융통성 있는 아이디어를 내는 연습하세요.
	11~16점	다양한 관점의 아이디어를 더 내는 연습하세요.
	10점 이하	적절한 아이디어를 더 내는 연습하세요.

수학 융합사고력	10점 이상	답안을 보다 구체적으로 작성하는 연습하세요.
	6~9점	문제 해결 방안의 아이디어를 다양하게 내는 연습하세요.
	5점 이하	실생활과 관련된 수학 기사로 수학적 사고를 확장하는 연습하세요.

과학 : 문항 구성 및 **채점표**

영역 문항	일반 창의성		과학 사고력		과학 창의성		과학 융합사고력	
	유창성	독창성·융통성	개념 이해력	탐구력	유창성	독창성·융통성	문제 이해력	문제 해결력
8	점	점						
9				점				
10			점					
11				점				
12					점			
13					점			
14							점	점

평가 영역별 점수	개념 이해력	탐구력	유창성	독창성 및 융통성	문제 이해력	문제 해결력
	과학 사고력		일반 / 과학 창의성		과학 융합사고력	
	/ 18점		/ 20점		/ 12점	

총점	/ 50점

평가 결과에 따른 **학습 방향**

과학 사고력	16점 이상	정확하게 답안을 작성하는 연습하세요.
	11~15점	교과 개념과 연관된 응용문제로 문제 적응력을 기르세요.
	10점 이하	틀린 문항과 관련된 교과 개념을 다시 공부하세요.

일반 / 과학 창의성	17점 이상	보다 독창성 및 융통성 있는 아이디어를 내는 연습하세요.
	11~16점	다양한 관점의 아이디어를 더 내는 연습하세요.
	10점 이하	적절한 아이디어를 더 내는 연습하세요.

과학 융합사고력	10점 이상	답안을 보다 구체적으로 작성하는 연습하세요.
	6~9점	문제 해결 방안의 아이디어를 다양하게 내는 연습하세요.
	5점 이하	실생활과 관련된 과학 기사로 과학적 사고를 확장하는 연습하세요.

[예시답안]

제목 : 댄스 파티

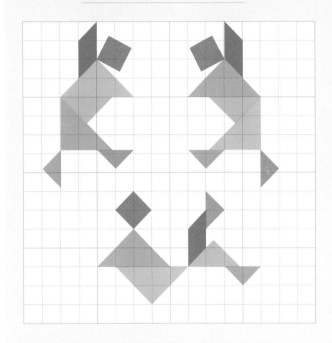

※ 독창성 및 융통성 [6점]

요소별 채점 기준	점수
넓이가 48인 그림을 그린 경우	4점
알맞은 제목을 지은 경우	2점

[해설]

㉠과 ㉡의 넓이 : 4

㉢과 ㉣의 넓이 : 1

㉤의 넓이 : 2

㉥의 넓이 : 2

㉦의 넓이 : 2

전체 넓이가 48이 되도록 칠교 조각을 이용하여 그림을 그린다.

[모범답안]

※ 개념 이해력 [6점]

총체적 채점 기준	점수
9가지를 바르게 그린 경우	6점
8가지를 바르게 그린 경우	5점
7가지를 바르게 그린 경우	4점
5~6가지를 바르게 그린 경우	3점
3~4가지를 바르게 그린 경우	2점
1~2가지를 바르게 그린 경우	1점

(1) [모범답안]

* 풀이 과정

  1시 대에는 5분이 조금 지난 시각에, 2시 대에는 10분이 조금 지난 시각에 새 소리가 난다. 이런 식으로 매시간 한 번씩 시침과 분침이 겹치는 데 11시 대에는 11시 59분쯤에 겹치지 않고 12시가 되기 때문에 오후 1시부터 자정까지 11시를 빼고 11번 새 소리를 들을 수 있다.

* 정답 : 11번

※ 개념 응용력 [6점]

요소별 채점 기준	점수
(1)의 풀이 과정을 바르게 서술한 경우	2점
(1)의 정답을 바르게 구한 경우	1점
(2)의 풀이 과정을 바르게 서술한 경우	2점
(2)의 정답을 바르게 구한 경우	1점

(2) [모범답안]

* 풀이 과정

  오후 5시부터 자정까지 각 시간 대에 새 소리와 강아지 소리를 들을 수 있는 횟수는 다음과 같다.

시간 대	새 소리(번) / 시각	강아지 소리(번) / 시각	시간 대	새 소리(번) / 시각	강아지 소리(번) / 시각
5시	1 / 5 : 27	0	9시	1 / 9 : 49	1 / 9 : 16
6시	1 / 6 : 33	1 / 6 : 00	10시	1 / 10 : 55	1 / 10 : 22
7시	1 / 7 : 38	1 / 7 : 05	11시	0	1 / 11 : 27
8시	1 / 8 : 44	1 / 8 : 11	12시	1 / 12:00	0

새 소리는 7번, 강아지 소리는 6번을 들을 수 있으므로,

오후 5시부터 자정까지 들을 수 있는 소리는 7+6=13(번)이다.

* 정답 : 13번

04 수학 사고력

평가 영역 : 개념 응용력

(1) [모범답안]

- 풀이 과정
  - 16년부터 2021년까지 4로 나누어 떨어지는 연도 :
    $16 \div 4 = 4$,
    $2021 \div 4 = 505 \cdots 1$, $505 - 4 + 1 = 502 \rightarrow 502$번
  - 16년부터 2021년까지 100으로 나누어 떨어지는 연도 :
    $2021 \div 100 = 20 \cdots 21 \rightarrow 20$번
  - 16년부터 2021년까지 400으로 나누어 떨어지는 연도 :
    $2021 \div 400 = 5 \cdots 21 \rightarrow 5$번

  따라서 16년부터 2021년까지 윤년인 해는
  $502 - 20 + 5 = 487$(번)이다.
- 정답 : 487번

※ 개념 응용력 [6점]

요소별 채점 기준	점수
(1)의 풀이 과정을 바르게 서술한 경우	1점
(1)의 정답을 바르게 구한 경우	1점
(2)의 풀이 과정을 바르게 서술한 경우	1점
(2)의 정답을 바르게 구한 경우	1점
(3)의 풀이 과정을 바르게 서술한 경우	1점
(3)의 정답을 바르게 구한 경우	1점

(2) [모범답안]

- 풀이 과정
  2020년은 윤년이므로 가원이의 내년 생일은 366일 후이다.
  $366 \div 7 = 52 \cdots 2$이므로
  가원이의 2020년 생일의 요일은 월요일에서 이틀 후인 수요일이다.
- 정답 : 수요일

(3) [모범답안]

- 풀이 과정
  가원이의 10번째 생일이 2019년 8월 16일이므로,
  태어난 날은 2009년 8월 16일이고,
  태어난 이후 윤년은 2012년, 2016년 2번 있었다.
  가원이가 태어난 날은 2019년 8월 16일부터
  $365 \times 10 + 2 = 3652$(일) 전이다.
  $3652 \div 7 = 521 \cdots 5$이므로
  가원이가 태어난 날의 요일은 월요일에서 5일 전인 수요일이다.
- 정답 : 수요일

05 수학 창의성
평가 영역 : 유창성

[예시답안]

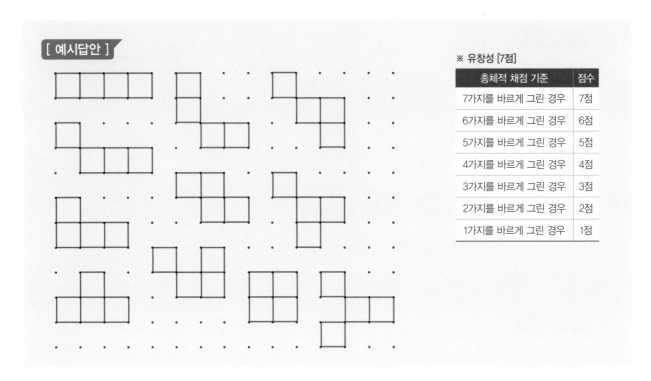

※ 유창성 [7점]

총체적 채점 기준	점수
7가지를 바르게 그린 경우	7점
6가지를 바르게 그린 경우	6점
5가지를 바르게 그린 경우	5점
4가지를 바르게 그린 경우	4점
3가지를 바르게 그린 경우	3점
2가지를 바르게 그린 경우	2점
1가지를 바르게 그린 경우	1점

[해설]   다양한 모양을 만들 수 있다.

06 수학 창의성
평가 영역 : 유창성

[예시답안]

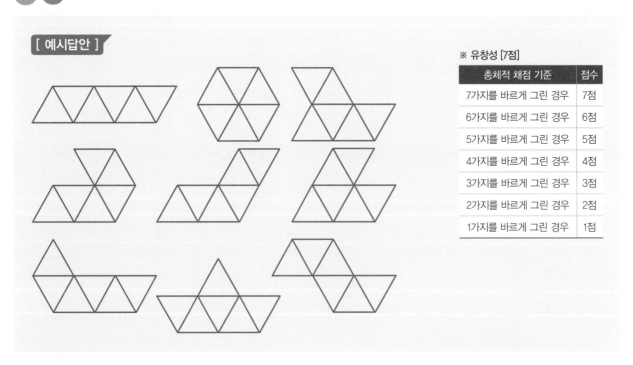

※ 유창성 [7점]

총체적 채점 기준	점수
7가지를 바르게 그린 경우	7점
6가지를 바르게 그린 경우	6점
5가지를 바르게 그린 경우	5점
4가지를 바르게 그린 경우	4점
3가지를 바르게 그린 경우	3점
2가지를 바르게 그린 경우	2점
1가지를 바르게 그린 경우	1점

[해설]   다양한 모양을 만들 수 있다.

07 수학 융합사고력

평가 영역 : 문제 이해력, 문제 해결력

(1) [모범답안]

정오각형, 정오각형 내각의 크기는 108°이므로 한 꼭짓점에 정오각형을 모아서 360°를 만들 수 없기 때문이다.

(2) [예시답안]

- 고속 열차, 제트기, 인공위성, 경주용 자동차의 몸체 : 가볍고 튼튼하며, 힘이 잘 분산되므로 충격을 잘 흡수하기 때문이다.
- 고속 열차 운전실 앞부분 : 충격을 잘 흡수하므로 충돌해도 피해를 줄일 수 있기 때문이다.
- 펑크가 나지 않는 타이어 : 힘이 잘 분산되므로 충격을 잘 흡수하기 때문이다.
- 노트북 몸체, 스마트폰 케이스 : 충격을 잘 흡수하므로 떨어뜨렸을 때 고장 위험을 줄일 수 있기 때문이다.
- 서핑보드 내부 : 힘이 잘 분산되므로 충격을 잘 흡수하기 때문이다.
- 대형 우주 망원경 거울 : 거울 뒷면을 벌집처럼 파내어 구조의 견고성은 그대로 유지하면서 거울 전체 무게를 가볍게 만들 수 있기 때문이다.
- 건물 외벽 : 철근 뼈대를 육각형 구조로 만들고 외벽에 구멍을 뚫어 콘크리트 양을 줄이면 건물의 무게를 줄일 수 있기 때문이다.
- 아기 기저귀 : 촘촘하게 이어주는 육각형 벌집 구조가 소변을 흡수하는 물질이 흐트러지지 않게 하므로 소변 흡수력이 뛰어나고 뭉침을 적게 하기 때문이다.

※ 문제 이해력 [5점]

요소별 채점 기준	점수
정오각형을 선택한 경우	1점
정오각형의 내각의 크기에 대해서 서술한 경우	2점
한 꼭짓점에 정오각형을 모아서 360°를 만들 수 없는 것을 서술한 경우	2점

※ 문제 해결력 [7점]

요소별 채점 기준	점수
3가지를 이유와 함께 바르게 서술한 경우	7점
2가지를 이유와 함께 바르게 서술한 경우	4점
1가지를 이유와 함께 바르게 서술한 경우	1점

[해설]

(1)

정삼각형 한 내각의 크기는 60°로 하나의 꼭짓점에 6개의 정삼각형이 모이면 60°×6=360°가 되어 평면을 채울 수 있다. 정사각형 한 내각의 크기는 90°로 한 꼭짓점에서 4개의 정사각형이 모이면 90°×4=360°가 되어 평면을 채울 수 있다. 정육각형 한 내각의 크기는 120°로 한 꼭짓점에 3개의 정육각형이 모이면 120°×3=360°가 되어 평면을 채울 수 있다. 정오각형 한 내각의 크기는 108°이므로 하나의 꼭짓점에 3개의 정오각형이 모이면 108°×3=324°가 되고, 4개의 정오각형이 모이면 108°×4=432°가 되므로 평면을 빈틈없이 채울 수 없다. 정칠각형 이상의 정다각형은 한 꼭짓점에 3개가 모이 면 360°보다 크기 때문에 평면을 빈틈없이 채울 수 없다.

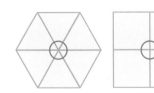

▲ 평면 채우기가 가능한 정다각형

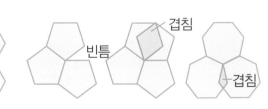

▲ 평면 채우기가 불가능한 정다각형

▲ 고속 열차 몸체　　　▲ 타이어　　　▲ 노트북 몸체

▲ 대형 우주 망원경　　　▲ 건물 외벽　　　▲ 아기 기저귀

08 일반 창의성
평가 영역 : 유창성, 독창성 및 융통성

[예시답안]

- 사과나 배를 한입에 먹을 수 있도록 방울토마토 크기로 만든다.
- 씨 없는 수박이나 포도를 만들어 먹을 때 씨를 뱉지 않게 만든다.
- 복숭아 알레르기가 있는 사람도 먹을 수 있도록 알레르기 성분을 제거한다.
- 단호박은 가운데 부분에 씨앗과 빈 공간이 많으므로, 먹을 수 있는 부분을 더 많게 만든다.
- 작은 쌀알을 주먹만한 크기로 만들어 한톨만 먹어도 배가 부르게 한다.
- 상추는 쉽게 무르므로 잘 무르지 않도록 만들어 오랫동안 보관할 수 있게 한다.
- 두리안의 고약한 냄새 성분을 제거하여 먹을 때 냄새로 인한 불쾌감을 없앤다.

※ 유창성 [3점]

총체적 채점 기준	점수
5가지를 바르게 서술한 경우	3점
3~4가지를 바르게 서술한 경우	2점
1~2가지를 바르게 서술한 경우	1점

※ 독창성 및 융통성 [3점]

요소별 채점 기준	점수
모양을 바꾸는 방법 이외의 방법을 서술한 경우	2점
모양을 바꾸는 방법을 서술한 경우	1점

09 과학 사고력
평가 영역 : 탐구력

[모범답안]

- (가) : 민들레
- (나) : 연
- (다) : 강아지풀
- (라) : 등나무

※ 탐구력 [6점]

총체적 채점 기준	점수
4가지를 바르게 쓴 경우	6점
3가지를 바르게 쓴 경우	4점
2가지를 바르게 쓴 경우	2점
1가지를 바르게 쓴 경우	1점

10

과학 사고력

평가 영역 : 개념 이해력

[모범답안]

- 씨앗을 너무 얕게 심으면 물이 증발하기 쉬워 씨앗이 마르기 때문이다.
- 씨앗을 너무 깊이 심으면 공기가 잘 통하지 않아 썩기 쉽기 때문이다.

※ 개념 이해력 [6점]

요소별 채점 기준	점수
물의 증발과 관련된 이유를 바르게 서술한 경우	3점
공기의 양과 관련된 이유를 바르게 서술한 경우	3점

[해설] 씨앗을 너무 얕게 심으면 동물의 먹이가 되는 경우도 있다.

11

과학 사고력

평가 영역 : 탐구력

[모범답안]

(1) 준비물 : 강낭콩 10개, 페트리 접시 2개, 탈지면, 물, 은박 접시

(2) 같게 해야 할 조건 : 물의 양, 페트리 접시를 놓아 두는 장소, 페트리 접시의 크기, 탈지면의 유무, 온도, 강낭콩의 종류, 강낭콩의 크기 등

(3) 다르게 해야 할 조건 : 햇빛의 유무

(4) 실험 방법

① 두 개의 페트리 접시에 탈지면을 깔고 강낭콩을 5개씩 올린다.

② 강낭콩이 들어 있는 페트리 접시에 같은 양의 물을 붓는다.

③ 페트리 접시를 햇빛이 비치는 곳에 두고, 하나의 페트리 접시에만 은박 접시를 덮어 햇빛을 받지 못하게 한다.

④ 약 일주일 동안 페트리 접시의 물이 마르지 않게 하면서 강낭콩의 변화를 관찰한다.

※ 탐구력 [6점]

요소별 채점 기준	점수
준비물을 4가지 이상 바르게 서술한 경우	1점
같게 해야 할 조건 3가지 이상을 바르게 서술한 경우	2점
같게 해야 할 조건 2가지 이하를 바르게 서술한 경우	1점
다르게 해야 할 조건 1가지를 바르게 서술한 경우	1점
실험 방법을 바르게 서술한 경우	1점
물이 마르지 않게 관리해야 하는 것을 서술한 경우	1점

[해설] 강낭콩이 싹 트는 데는 햇빛의 영향을 받지 않는다.

[예시답안]

- 키가 크고 줄기가 굵다.
- 줄기 속이 비어 있다.
- 줄기에 많은 물을 저장한다.
- 뿌리가 깊고 튼튼하다.
- 줄기의 모양이 뿌리처럼 생겼다.
- 작은 잎이 모여 나 있다.
- 줄기가 부드러워 초식 동물이 씹을 수 있다.

※ 유창성 [7점]

총체적 채점 기준	점수
5가지를 바르게 서술한 경우	7점
4가지를 바르게 서술한 경우	5점
3가지를 바르게 서술한 경우	3점
2가지를 바르게 서술한 경우	2점
1가지를 바르게 서술한 경우	1점

[해설]

열대 아프리카에서 자라는 바오밥나무는 수명이 5,000년에 달한다. 세계에서 큰 나무 중의 하나로 높이 20 m, 가슴 높이 둘레 10 m, 퍼진 가지 길이 10 m 정도이고, 원줄기는 술통처럼 생겼다. 아프리카에서는 신성한 나무 중 하나로 꼽고 있으며, 구멍을 뚫고 사람이 살거나 시체를 매장하기도 한다. 열매가 달려 있는 모양이 쥐가 달린 것같이 보이므로 죽은쥐나무(dead rat tree)라고도 한다. 잎은 5~7개의 작은 잎으로 된 손바닥 모양의 겹잎이다. 꽃은 흰색이며 지름 15 cm 정도이고 꽃잎은 5장이다. 열매는 수세미외처럼 생겼고 길이 20~30 cm로 털이 있고 딱딱하며 긴 꼭지가 있다. 강수량에 따라 차이가 있으나 보통 20년 이상 된 나무에서만 열매가 맺히고 나무당 200개 내외의 열매를 얻을 수 있다. 수분이 몸통에 집중되어 있어 열매도 속까지 건조하다. 나무 껍질과 잎은 염증과 열병 치료에 효과가 있고, 열매는 말라리아 치료에 효과가 있다. 씨앗은 껍질이 매우 단단하기 때문에 아프리카 초원에서 자연적으로 불이 난 후에 싹이 튼다. 즉, 불로 인해 씨앗의 두꺼운 껍질이 벗겨지고 재로 인해 땅이 비옥해진 뒤에 싹이 튼다. 불로 다른 식물들이 다 불타 죽어 경쟁자가 없는 환경에서 무럭무럭 자랄 수 있는 장점이 있다.

[예시답안]

- 어린 싹일 때는 뿌리채 뽑는다.
- 성장한 가시박은 줄기를 바짝 자른다.
- 가시박 꽃이 피면 꽃을 제거한다.
- 가시박 열매가 맺히면 즉시 제거한다.
- 가시박 씨앗이 하천이나 흙 등에 퍼지지 않게 따로 보관한다.
- 하천을 따라 퍼지므로 하천 상류의 가시박을 먼저 제거한다.
- 가시박의 좋은 효능을 홍보하여 많은 사람이 뽑아 소비하게 한다.

※ 유창성 [7점]

총체적 채점 기준	점수
5가지를 바르게 서술한 경우	7점
4가지를 바르게 서술한 경우	5점
3가지를 바르게 서술한 경우	3점
2가지를 바르게 서술한 경우	2점
1가지를 바르게 서술한 경우	1점

[해설] 가시박은 주로 하천을 따라 급격하게 개체수가 증가하고 있다. 6~8월에 왕성하게 자라 하루에 30 cm 이상도 자라고, 잎겨드랑이마다 열매를 맺는 다산성이어서 가시박 한 포기에서 최대 25,000개의 씨앗이 만들어진다. 씨앗은 수박 씨앗처럼 생겼고 땅속에 묻히면 5년 이상 발아력을 간직한 채 휴면할 수 있을 정도로 생존력과 번식력이 강하다.

〈가시박 식별 방법〉
- 열매 표면에 길이 1 cm 정도의 가시가 덮여 있다.
- 길이 2 cm 정도의 길쭉한 타원형 열매 10개가 앞뒤로 붙어 지름 5 cm 정도의 열매 덩어리를 맺는다.
- 연하고 밝은 녹색이다.

▲ 가시박 열매

〈제거 시기〉

발달 단계	관리	4월	5월	6월	7월	8월	9월	10월
싹	뿌리째 뽑기		제거					
생장	뿌리째 뽑기 줄기 자르기		집중 제거					
꽃	뿌리째 뽑기 줄기 자르기				제거			
열매	뿌리째 뽑기 종자 제거						제거	

(1) [모범답안]

환경오염이나 지구온난화 또는 전쟁 등에 의해 특정 식물 종자가 사라지는 것을 막고, 전 세계 종자를 보호하고 저장할 수 있는 시설이 필요하기 때문이다.

(2) [예시답안]

- 저장고에 보관된 모든 씨앗이 오랜 세월이 지난 후에도 싹을 틔우고 열매를 맺을 수 있도록 바뀔 환경에 적응할 수 있는 방안을 연구해야 한다.
- 지구온난화로 인해 기온이 상승해도 국제 종자저장고를 안전하게 보호할 수 있는 장치가 필요하다.
- 각종 재해로부터 국제 종자저장고를 안전하게 보호할 수 있는 장치가 필요하다.
- 혹시 모를 변질에 대비하여 종자를 주기적으로 새것으로 교체한다.

※ 문제 이해력 [5점]

요소별 채점 기준	점수
종자가 사라지는 원인에 대해 서술한 경우	2점
종자가 사라지는 경우에 대해서 서술한 경우	2점
종자를 보호해야 하기 때문이라고 서술한 경우	1점

※ 문제 해결력 [7점]

총체적 채점 기준	점수
3가지를 바르게 서술한 경우	7점
2가지를 바르게 서술한 경우	4점
1가지를 바르게 서술한 경우	1점

[해설]

(1)

국제 종자저장고는 구약성서에 나오는 노아의 방주에 비유하여, '최후의 날 저장고(Doomsday vault)'라고 불리기도 한다. 강한 지진이나 소행성 충돌, 핵폭발에도 견딜 수 있도록 바위산의 120 m 지하에 튼튼하게 지어져 있다. 각종 씨앗은 싹이 트지 않도록 −18 ℃의 상태로 알루미늄 백에 밀폐되어 보관되는데, 전기 공급이 끊어지는 최악의 상황에서도 오랜시간 동안 자연적으로 냉동 상태가 유지된다.

(2)

국제종자저장고에서 보관 중인 종자는 환경이 잘 갖추어지면 언제든지 다시 싹을 틔울 수있도록 종자 휴면 상태로 보관된다. 식물이 종자 휴면 상태를 유지하도록 하는 것은 발아 억제 호르몬인 앱시스산(abscisic acid) 때문이다. 그러나 국제 종자저장고에 보관한 모든 씨앗이 수십 또는 수백 년의 오랜 세월이 지난 후에도 과연 싹을 틔우고 열매를 맺을 수 있을지, 그동안 크게 바뀌었을지도 모를 환경에 제대로 적응할 수 있을지 의문을 제기하는 이들도 있다. 따라서 국제 종자저장고에만 지나치게 의존을 해서는 안 된다고 주장하기도 한다. 지구온난화가 가속화되면서 최근 국제 종자저장고 자체가 심각한 위기 상황에 직면하고 있다. 몇 년 전부터 급격한 기온 상승으로 북극의 영구 동토층이 녹으면서, 2017년에는 지하 저장고 중 한 곳의 입구 터널이 침수되는 사고가 일어났다. 스발바르제도 일대는 지구상에서 가장 빠르게 더워지고 있는 곳으로, 최근 보고서에 따르면, 2100년 안에 평균 기온이 10 ℃까지 상승할 수도 있다. 각종 재해로부터 식물의 종자를 지키기 위해 건설한 국제 종자저장고조차 인간이 초래한 지구온난화의 폐해를 비켜나지 못하는 상황이 되었다.

수학 : 문항 구성 및 **채점표**

영역 문항	일반 창의성		수학 사고력		수학 창의성		수학 융합사고력	
	유창성	독창성·융통성	개념 이해력	개념 응용력	유창성	독창성·융통성	문제 이해력	문제 해결력
1	점							
2			점					
3				점				
4				점				
5					점			
6					점			
7							점	점

평가 영역별 점수	개념 이해력	개념 응용력	유창성	독창성 및 융통성	문제 이해력	문제 해결력
	수학 사고력		일반 / 수학 창의성		수학 융합사고력	
	/ 18점		/ 20점		/ 12점	

총점	/ 50점

평가 결과에 따른 **학습 방향**

수학 사고력	16점 이상	정확하게 답안을 작성하는 연습하세요.
	11~15점	교과 개념과 연관된 응용문제로 문제 적응력을 기르세요.
	10점 이하	틀린 문항과 관련된 교과 개념을 다시 공부하세요.

일반 / 수학 창의성	17점 이상	보다 독창성 및 융통성 있는 아이디어를 내는 연습하세요.
	11~16점	다양한 관점의 아이디어를 더 내는 연습하세요.
	10점 이하	적절한 아이디어를 더 내는 연습하세요.

수학 융합사고력	10점 이상	답안을 보다 구체적으로 작성하는 연습하세요.
	6~9점	문제 해결 방안의 아이디어를 다양하게 내는 연습하세요.
	5점 이하	실생활과 관련된 수학 기사로 수학적 사고를 확장하는 연습하세요.

과학 : 문항 구성 및 **채점표**

영역 문항	일반 창의성		과학 사고력		과학 창의성		과학 융합사고력	
	유창성	독창성·융통성	개념 이해력	탐구력	유창성	독창성·융통성	문제 이해력	문제 해결력
8	점	점						
9			점					
10			점					
11				점				
12					점	점		
13					점			
14							점	점

평가 영역별 점수	개념 이해력	탐구력	유창성	독창성 및 융통성	문제 이해력	문제 해결력
	과학 사고력		일반 / 과학 창의성		과학 융합사고력	
	/ 18점		/ 20점		/ 12점	

총점	/ 50점

평가 결과에 따른 **학습 방향**

과학 사고력	16점 이상	정확하게 답안을 작성하는 연습하세요.
	11~15점	교과 개념과 연관된 응용문제로 문제 적응력을 기르세요.
	10점 이하	틀린 문항과 관련된 교과 개념을 다시 공부하세요.

일반 / 과학 창의성	17점 이상	보다 독창성 및 융통성 있는 아이디어를 내는 연습하세요.
	11~16점	다양한 관점의 아이디어를 더 내는 연습하세요.
	10점 이하	적절한 아이디어를 더 내는 연습하세요.

과학 융합사고력	10점 이상	답안을 보다 구체적으로 작성하는 연습하세요.
	6~9점	문제 해결 방안의 아이디어를 다양하게 내는 연습하세요.
	5점 이하	실생활과 관련된 과학 기사로 과학적 사고를 확장하는 연습하세요.

01

일반 창의성

평가 영역 : 유창성

[예시답안]

- 자를 종이에 대고 자의 모서리를 따라 종이를 찢듯이 자른다.
- 자를 부분에 자를 대고 볼펜으로 선을 계속 그어 종이가 연해지면 찢는다.
- 자를 부분을 표시하고 자의 모서리나 꼭짓점으로 문질러 종이가 연해지면 찢는다.
- 자를 부분을 접은 후 손톱으로 문질러 종이가 연해지면 찢는다.
- 자를 부분을 접은 후 침 또는 물을 조금 묻혀 종이가 연해지면 찢는다.

※ 유창성 [6점]

총체적 채점 기준	점수
3가지를 바르게 서술한 경우	6점
2가지를 바르게 서술한 경우	4점
1가지를 바르게 서술한 경우	2점

02

수학 사고력

평가 영역 : 개념 이해력

(1) [모범답안]

- 풀이 과정
  지하철 시작 역에서 박물관 역까지는 6구간이며,
  거리는 $38-20=18$(km)이므로
  지하철 한 구간의 거리는 $18÷6=3$(km)이다.
  지하철 시작 역에서 마지막 역까지 거리는 $134-20=114$(km)이므로
  지하철 역의 구간의 개수는 모두 $114÷3=38$(구간)이다.
  따라서 지하철 역의 개수는 모두 $38+1=39$(개)이다.
- 정답 : 39개

※ 개념 이해력 [6점]

요소별 채점 기준	점수
(1)의 풀이 과정을 바르게 서술한 경우	1점
(1)의 정답을 바르게 구한 경우	1점
(2)의 풀이 과정을 바르게 서술한 경우	2점
(2)의 정답을 바르게 구한 경우	2점

(2) [모범답안]

- 풀이 과정
  유진이가 집에서 출발하여 지하철을 탈 때까지 걸린 시간은 $30+5=35$(분)이다.
  지하철 시작 역부터 극장이 있는 역까지 거리는 $56-20=36$(km)이고,
  $36÷3=12$(구간)이다.
  극장까지 가는 데 지하철이 움직이는 시간은 $5×12=60$(분)이고,
  시작 역과 정차 역의 정차 시간은 필요 없으므로
  정차한 시간은 $30×11=330$(초)$=5$분 30초이다.
  도착역에서 극장까지 걸어가는 데는 15분이 걸린다.
  따라서 집에서 출발하여 극장에 도착할 때까지 걸린 시간은
  35분$+$60분$+$5분 30초$+$15분$=$115분 30초$=$1시간 55분 30초이다.
- 정답 : 1시간 55분 30초

수학 사고력

평가 영역 : 개념 응용력

(1) [모범답안]

6	8
9	12

또는

6	8
9	12

※ **개념 응용력 [6점]**

요소별 채점 기준	점수
(1)을 바르게 찾은 경우	2점
(2)를 1가지만 바르게 찾은 경우	2점
(2)를 2가지 바르게 찾은 경우	1점

(2) [예시답안]

5	6	7
10	12	14
15	18	21

6	8	10
9	12	15
12	16	20

6	9	12
8	12	16
10	15	20

5	10	15
6	12	18
7	14	21

04

수학 사고력

평가 영역 : 개념 응용력

[모범답안]

※ **개념 응용력 [6점]**

요소별 채점 기준	점수
풀이 과정을 바르게 서술한 경우	3점
정답을 바르게 구한 경우	3점

• 풀이 과정

신약 Z를 만드는 방법은 두 가지이다.

방법 ①   방법 ②

방법 ① : 오래 걸린 시간을 기준으로 계산한다.

$30+10+50+10+20+10+60=190$(일)

방법 ② : 오래 걸린 시간을 기준으로 계산한다.

$20+10+75+10+60=175$(일)

따라서 신약 Z를 빨리 만드는데 걸리는 시간은 175일이다.

• 정답 : 175일

[예시답안]

총체적 채점 기준	점수
3가지를 바르게 서술한 경우	7점
2가지를 바르게 서술한 경우	4점
1가지를 바르게 서술한 경우	2점

- 순서대로 모두 더한다. → $7+8+9+14+15+16+21+22+23=135$
- 가운데 칸 15를 기준으로 23이 7에게 8을 주고, 22가 8에게 7을 주고, 21을 9에게 6을 주고, 16은 14에게 1을 주면 9칸이 모두 15가 된다. → $15 \times 9 = 135$
- 7과 23을 더하고, 8과 22를 더하고, 9와 21을 더하고, 14와 16을 더한 값은 모두 30이다. 4개의 30에 15를 더한다. → $30 \times 4 + 15 = 135$
- 첫 번째 가로줄의 수의 합은 24이다. 두 번째 줄의 3개의 수는 첫 번째 줄의 수에서 7이 커졌으므로 첫 번째 줄 수의 합에 21을 더하고, 세 번째 줄의 합은 첫 번째 줄의 수의 합에 42를 더한다. → $24 + (24+21) + (24+42) = 135$
- 첫 번째 가로줄은 8이 3개, 두 번째 줄은 15가 3개, 세 번째 줄은 22가 3개이다. → $8 \times 3 + 15 \times 3 + 22 \times 3 = 135$
- 첫 번째 세로 줄의 수의 합은 42이다. 두 번째 줄의 3개의 수는 첫 번째 줄의 수에서 1이 커졌으므로 첫 번째 줄 수의 합에 3을 더하고, 세 번째 줄의 수의 합은 6을 더한다. → $42 + (42+3) + (42+6) = 135$

[예시답안]

총체적 채점 기준	점수
7가지를 바르게 쓴 경우	7점
6가지를 바르게 쓴 경우	6점
5가지를 바르게 쓴 경우	5점
4가지를 바르게 쓴 경우	4점
3가지를 바르게 쓴 경우	3점
2가지를 바르게 쓴 경우	2점
1가지를 바르게 쓴 경우	1점

㉠ $1+3+5+7+9+7+5+3+1=41$

㉡ $1 \times 2 + 3 \times 2 + 5 \times 2 + 7 \times 2 + 9 = 41$

㉢ $(1+3+5+7) \times 2 + 9 = 41$

㉣ $5+4+5+4+5+4+5+4+5=41$

㉤ $5 \times 5 + 4 \times 4 = 41$

㉥ $(1+2+3+4) \times 4 + 1 = 41$

㉦ $1+4+8+12+16=41$

㉧ $6 \times 4 + 4 \times 4 + 1 = 41$

㉨ $3 \times 13 + 2 = 41$

[해설] ⑤는 다음과 같다.

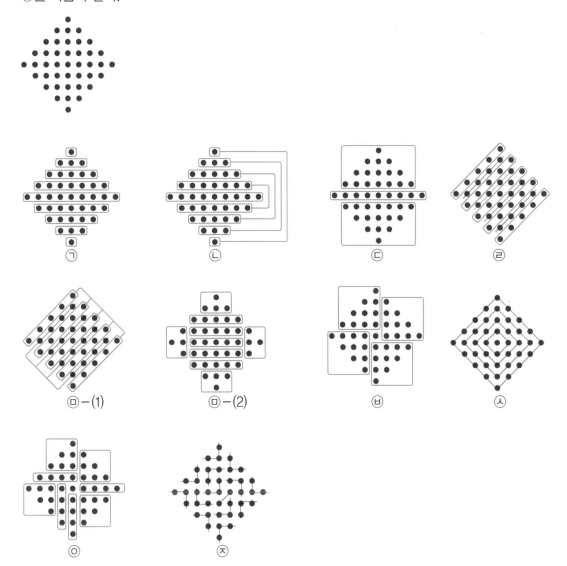

07 수학 융합사고력

평가 영역 : 문제 이해력, 문제 해결력

(1) [모범답안]

- 풀이 과정

  1분에 100 mL가 채워지면 1시간 동안 채워지는 물의 양은

  $60 \times 100 = 6000$(mL)$= 6$(L)이고,

  하루 동안 채워지는 물의 양은 $6 \times 24 = 144$(L)이다.

  따라서 144 L 이상의 물을 담을 수 있어야 한다.

- 답 : 144 L

※ 문제 이해력 [5점]

요소별 채점 기준	점수
풀이 과정을 바르게 서술한 경우	3점
정답을 바르게 구한 경우	2점

(2) [예시답안]

- 진자시계 : 진자가 진동하는 횟수로 시간을 측정한다.
- 태엽시계 : 태엽을 감은 후 태엽이 풀리면서 생기는 동력으로 규칙적인 진동을 만들어 시간을 측정한다.
- 모래시계 : 위쪽과 아래쪽의 크기가 같은 투명한 통(유리)을 가는 관으로 연결하고 모래가 관으로 흘러내리는 양을 측정하여 시간을 측정한다.
- 별시계 : 지구가 하루에 한 번씩 일정하게 자전하므로 별이 북극성을 중심으로 움직이는 각도를 이용하여 시간을 측정한다.
- 불시계 : 화승(불을 붙게 하는 데 쓰는 노끈), 양초, 램프 등에 불을 붙인 후 타는 속도로 시간을 측정한다.
- 세슘 원자 시계 : 세슘 원자가 진동하는 횟수로 시간을 측정한다.
- 쿼츠시계 : 수정 진동자가 일정한 간격으로 진동하는 것을 이용하여 시간을 측정한다.

※ 문제 해결력 [7점]

총체적 채점 기준	점수
3가지를 이유와 함께 바르게 서술한 경우	7점
2가지를 이유와 함께 바르게 서술한 경우	4점
1가지를 이유와 함께 바르게 서술한 경우	1점

[해설]

▲ 진자시계　　▲ 태엽시계　　▲ 모래시계　　▲ 불시계

▲ 세슘 원자 시계　　▲ 쿼츠시계

08

일반 창의성

평가 영역 : 유창성, 독창성 및 융통성

[예시답안]

- 주인이 동물을 안고 체중계에 올라가 체중을 측정한 후 주인의 체중을 뺀다.
- 동물을 이동장 안에 넣고 체중을 잰 후 이동장의 무게를 뺀다.
- 손잡이가 있는 가방이나 보자기에 동물을 넣은 후 저울에 매달아 체중을 측정한다.
- 동물이 사는 곳 바닥에 체중계를 설치하고, 동물이 체중계 위를 이동할 때 체중을 기록한다.
- 먹이를 먹을 땐 움직이지 않으므로 먹이 그릇을 체중계 옆에 놓아 체중계 위에 올라가게 하여 체중을 측정한다.
- "가만히 있어."라고 말하고 가만히 있으면 먹이를 주는 행동으로 동물을 훈련한 후 체중계 위에 올라가게 하고 "가만히 있어."라고 말한 후 체중을 측정한다.
- 동물의 몸길이 또는 부피를 재어 체중으로 변환하는 방법을 이용한다.
- 냄새가 나는 체중계를 만들어 체중계에 올라가 냄새를 집중해서 맡을 때 체중을 측정한다.

※ 유창성 [4점]

총체적 채점 기준	점수
5가지를 바르게 서술한 경우	4점
4가지를 바르게 서술한 경우	3점
3가지를 바르게 서술한 경우	2점
1~2가지를 바르게 서술한 경우	1점

※ 독창성 및 융통성 [2점]

요소별 채점 기준	점수
길이나 부피로 대략적인 체중을 측정하는 방법을 서술한 경우	1점
동물의 행동 특성을 이용한 방법을 서술한 경우	1점

09

과학 사고력

평가 영역 : 개념 이해력

[모범답안]

- 실 ㉠을 막대 (가)의 오른쪽으로 옮긴다.
- 실 ㉢을 막대 (가)의 왼쪽으로 옮긴다.
- 공 A에 고무찰흙을 붙인다.
- 실 ㉡과 ㉢을 자른다.

※ 개념 이해력 [6점]

총체적 채점 기준	점수
3가지를 바르게 서술한 경우	6점
2가지를 바르게 서술한 경우	4점
1가지를 바르게 서술한 경우	2점

[해설] 수평이란 어느 쪽으로도 기울어지지 않고 평형을 이루고 있는 상태이다. 무게가 같은 물체로 수평을 잡으려면 두 물체를 받침점의 같은 거리에 매달고, 무게가 다른 물체로 수평을 잡으려면 무거운 물체를 받침점에 더 가깝게 매단다.

10

과학 사고력

평가 영역 : 개념 이해력

[모범답안]

* 몸무게의 변화 : 45 kg보다는 늘어나지만 45.5 kg보다는 작을 것이다.
* 이유 : 사람은 움직이거나 생명을 유지하기 위해 영양분을 에너지로 사용하고, 영양분을 사용하면 그 만큼 몸무게가 줄어든다. 음식을 먹는 동안에도 영양분을 사용하므로 몸무게가 줄어들기 때문에 몸무게가 45 kg인 사람이 500 g음식을 먹으면 45.5 kg보다 덜 나갈 것이다.

※ 개념 이해력 [6점]

요소별 채점 기준	점수
몸무게의 변화를 바르게 서술한 경우	3점
이유를 바르게 서술한 경우	3점

11

과학 사고력

평가 영역 : 탐구력

[모범답안]

(1) 쪼개진 박에서 사람이 나오는 모습 : 박이 쪼개지기 전에 박 모형 뒤쪽에 사람 모형을 놓는다.

(2) 쪼개진 박에서 빨간 보석이 나오는 모습 : 보석을 빨간색 셀로판 종이 또는 투명 필름에 빨간 사인펜으로 칠해서 만든다.

(3) 박에서 나온 사람이 점점 커지는 모습 : 박에서 나온 사람을 광원쪽으로 옮긴다.

※ 탐구력 [6점]

요소별 채점 기준	점수
(1)을 바르게 서술한 경우	2점
(2)를 바르게 서술한 경우	2점
(3)을 바르게 서술한 경우	2점

[해설]

그림자 연극은 광원과 물체 사이의 거리, 물체와 스크린 사이의 거리에 따른 그림자의 크기 변화, 셀로판지를 통과한 빛의 색깔 등으로 다양한 장면을 연출할 수 있다.

[예시답안]

- 비가 오지 않아야 한다. 빗방울이 물에 떨어지면 물 표면이 출렁여 매끄럽지 않기 때문이다.
- 바람이 불지 않아야 한다. 바람이 불면 물 표면이 출렁여 매끄럽지 않기 때문이다.
- 햇빛이 강한 맑은 날이어야 한다. 물체를 보기 위해서는 빛이 있어야 하기 때문이다.
- 구름의 양이 적어야 한다. 구름이 많으면 맑은 날보다 어둡기 때문이다.
- 기온이 영하로 내려면 안 된다. 영하의 날씨에 물이 얼면 얼음에 모습이 잘 비치지 않기 때문이다.

※ 유창성 [5점]

총체적 채점 기준	점수
3가지를 바르게 서술한 경우	5점
2가지를 바르게 서술한 경우	3점
1가지를 바르게 서술한 경우	1점

※ 독창성 및 융통성 [2점]

요소별 채점 기준	점수
표면이 매끄러워야 한다는 내용을 서술한 경우	1점
빛이 있어야 물체를 볼 수 있는 내용을 서술한 경우	1점

[해설]

거울, 구겨지지 않은 알루미늄박, 잔잔한 물, 텔레비전, 컴퓨터의 모니터 등 표면이 매끄러운 물체는 다른 물체를 잘 비춘다. 반면에 구겨진 알루미늄박이나 출렁이는 물, 종이 등은 표면이 매끄럽지 않기 때문에 다른 물체를 잘 비치지 못한다. 표면이 매끄러운 물체는 일정한 방향으로 빛이 반사되므로 주변의 모습이 잘 비치고, 표면이 매끄럽지 않은 물체는 빛이 반사되는 방향이 제각각이므로 주변의 모습이 잘 비치지 않는다.

▲ 표면이 매끄러운 물체

▲ 표면이 매끄럽지 않은 물체

13

과학 창의성

평가 영역 : 유창성

[모범답안]

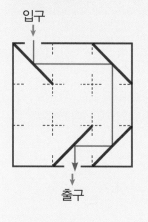

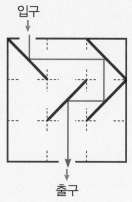

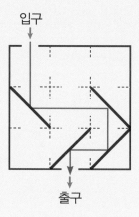

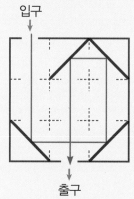

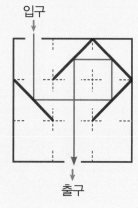

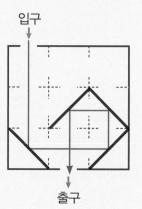

※ 유창성 [7점]

총체적 채점 기준	점수
6가지를 바르게 나타낸 경우	7점
5가지를 바르게 나타낸 경우	5점
4가지를 바르게 나타낸 경우	4점
3가지를 바르게 나타낸 경우	3점
2가지를 바르게 나타낸 경우	2점
1가지를 바르게 나타낸 경우	1점

14

과학 융합사고력

평가 영역 : 문제 이해력, 문제 해결력

(1) [모범답안]

무게중심에서 지면으로 수직선을 그렸을 때 받침면을 벗어나지 않도록 몸이 기울어지기 때문이다.

※ 문제 이해력 [5점]

요소별 채점 기준	점수
무게중심에서 지면으로 수직선을 그렸을때 받침면을 벗어나지 않음을 서술한 경우	3점
몸이 기울어짐을 서술한 경우	2점

- 의자에서 앉았다 일어날 때 무게중심을 앞으로 옮긴다.
- 점프했다가 착지할 때 무게중심을 낮춘다.
- 가방을 한쪽으로 메면 가방을 멘쪽으로 무게중심이 이동한다.
- 씨름에서 상대방을 넘어뜨리기 위해 상대방의 무게중심을 이동시킨다.
- 달리기나 수영 경기에서 스타트를 할 때 무게중심을 앞으로 이동시킨다.
- 역도에서 바벨을 들기 위해 앉을 때 무게중심을 발뒤꿈치쪽으로 이동시킨다.
- 역도에서 바벨을 머리 위로 들어올릴 때 무게중심이 높아진다.
- 피겨스케이팅이나 발레에서 점프를 할 때 무게중심을 높인다.
- 탁구에서 드라이브를 할 때 몸을 회전시키는 방향으로 무게중심을 옮긴다.
- 다이빙 선수가 무게중심을 앞쪽으로 이동시켜 회전한다.

※ 문제 해결력 [7점]

총체적 채점 기준	점수
5가지를 바르게 서술한 경우	7점
4가지를 바르게 서술한 경우	5점
3가지를 바르게 서술한 경우	3점
2가지를 바르게 서술한 경우	2점
1가지를 바르게 서술한 경우	1점

[해설]

(1)

모든 물체에는 무게중심이 있다. 무게중심은 물체의 각 부분에 작용하는 중력들이 모아지는 작용점으로 물체가 어느 쪽으로도 치우치지 않고 공평하게 나눠지는 지점이다. 보통 물체의 가운데에 있으며 모든 물체에는 한 개의 무게중심이 있다. 물체의 모양이나 무게가 변하면 무게중심의 위치가 바뀐다. 무게중심에서 지면으로 수직선을 그렸을 때 받침면 안에 있으면 물체는 평형을 유지한다. 사람이 몸을 움직일 때는 무게중심에서 지면으로 수직선을 그렸을 때 받침면 안에 있도록 몸이 움직인다. 왼쪽 그림과 같이 무게중심에서 지면으로 수직선을 그렸을 때 받침면 안에 있지 않으면 곧 넘어지고, 오른쪽 그림과 같이 받침면 안에 있으면 넘어지지 않는다.

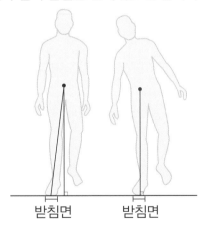

받침면   받침면

(2)

무게중심은 무게의 중심으로 평형을 이루는 지점이기 때문에 무거운 쪽으로 이동한다. 어린이는 머리의 무게가 상대적으로 많이 나가기 때문에 무게중심이 높지만, 어른은 하체가 발달하므로 무게중심이 점점 밑으로 이동한다. 몸이 움직일 때는 무게가 재분배되기 때문에 무게중심의 위치가 계속 변한다. 가만히 서 있을 때는 무게중심이 배꼽 근처에 있지만, 팔을 머리 위로 들면 위쪽으로 팔의 무게가 더해져 무게중심이 높아진다.

평가가이드 **4**회

수학 : 문항 구성 및 **채점표**

영역 문항	일반 창의성		수학 사고력		수학 창의성		수학 융합사고력	
	유창성	독창성·융통성	개념 이해력	개념 응용력	유창성	독창성·융통성	문제 이해력	문제 해결력
1			점					
2			점					
3			점	점				
4				점				
5				점				
6			점	점				
7							점	점

평가 영역별 점수	개념 이해력	개념 응용력	유창성	독창성 및 융통성	문제 이해력	문제 해결력
	수학 사고력		일반 / 수학 창의성		수학 융합사고력	
	/ 38점		/		/ 12점	

총점	/ 50점

평가 결과에 따른 **학습 방향**

수학 사고력	34점 이상	정확하게 답안을 작성하는 연습하세요.
	21~33점	교과 개념과 연관된 응용문제로 문제 적응력을 기르세요.
	20점 이하	틀린 문항과 관련된 교과 개념을 다시 공부하세요.

일반 / 수학 창의성		

수학 융합사고력	10점 이상	답안을 보다 구체적으로 작성하는 연습하세요.
	6~9점	문제 해결 방안의 아이디어를 다양하게 내는 연습하세요.
	5점 이하	실생활과 관련된 수학 기사로 수학적 사고를 확장하는 연습하세요.

과학 : 문항 구성 및 **채점표**

영역 문항	일반 창의성		과학 사고력		과학 창의성		과학 융합사고력	
	유창성	독창성·융통성	개념 이해력	탐구력	유창성	독창성·융통성	문제 이해력	문제 해결력
8	점	점						
9			점					
10				점				
11			점					
12					점	점		
13					점			
14							점	점

평가 영역별 점수	개념 이해력	탐구력	유창성	독창성 및 융통성	문제 이해력	문제 해결력
	과학 사고력		일반 / 과학 창의성		과학 융합사고력	
	/ 18점		/ 20점		/ 12점	

총점	/ 50점

평가 결과에 따른 **학습 방향**

과학 사고력	16점 이상	정확하게 답안을 작성하는 연습하세요.
	11~15점	교과 개념과 연관된 응용문제로 문제 적응력을 기르세요.
	10점 이하	틀린 문항과 관련된 교과 개념을 다시 공부하세요.

일반 / 과학 창의성	17점 이상	보다 독창성 및 융통성 있는 아이디어를 내는 연습하세요.
	11~16점	다양한 관점의 아이디어를 더 내는 연습하세요.
	10점 이하	적절한 아이디어를 더 내는 연습하세요.

과학 융합사고력	10점 이상	답안을 보다 구체적으로 작성하는 연습하세요.
	6~9점	문제 해결 방안의 아이디어를 다양하게 내는 연습하세요.
	5점 이하	실생활과 관련된 과학 기사로 과학적 사고를 확장하는 연습하세요.

수학 사고력 📋
평가 영역 : 개념 이해력

[모범답안]

※ 개념 이해력 [6점]

요소별 채점 기준	점수
풀이 과정을 바르게 서술한 경우	3점
6명의 방법을 모두 바르게 구한 경우	3점
4~5명의 방법을 바르게 구한 경우	2점
1~3명의 방법을 바르게 구한 경우	1점

• 풀이 과정

택시 - 자전거 - 버스 - 지하철 - 뛰어가기 - 걸어가기 순서로 박물관에 도착하므로 보민이는 세 번째로 도착했다.

(라)에 의해 재용 - 시후 순서로 도착했다.

(나)에 의해 재용 - 서율 - 시후 순서로 도착했다.

(다)에 의해 연우 - 재용 - 서율 - 시후 순서로 도착했다.

(마)에 의해 연우 - 재용 - 서율 - 시후 - 여훈 순서로 도착했다.

보민이가 세 번째로 도착했으므로 도착한 순서는 연우 - 재용 - 보민 - 서율 - 시후 - 여훈이다.

따라서 연우는 택시, 재용이는 자전거, 보민이는 버스, 서율이는 지하철, 시후는 뛰어가기, 여훈이는 걸어가기로 이동했다.

• 정답

(1) 보민 : 버스 (2) 서율 : 지하철 (3) 시후 : 뛰어가기

(4) 재용 : 자전거 (5) 여훈 : 걸어가기 (6) 연우 : 택시

02

수학 사고력 📋
평가 영역 : 개념 이해력

[모범답안]

※ 개념 이해력 [6점]

요소별 채점 기준	점수
풀이 과정을 바르게 서술한 경우	3점
정답을 바르게 구한 경우	3점

• 풀이 과정

집에 돌아왔을 때 남아 있는 금액에서 거꾸로 사용한 금액을 더해 사용하기 전 금액을 계산한다.

구분	사용한 금액(원)	사용하기 전 금액(원)
집 도착	0	1000
차비	1000	1000+1000=2000
포장지	2500	2000+2500=4500
책	사용하기 전 금액의 반	4500×2=9000
음료수	1500	9000+1500=10500
점심	사용하기 전 금액의 반	10500×2=21000
아이스크림	2000	21000+2000=23000
선물	사용하기 전 금액의 반	23000×2=46000
집 출발	0	46000

• 정답 : 46000원

(1) [모범답안]

- ㉠에 2를 곱한 수는 ㉢이다. → ㉠×2=㉢
- ㉠과 ㉣을 더하면 ㉤이다. → ㉠+㉣=㉤
- ㉡과 ㉢을 곱하면 ㉣이다. → ㉡×㉢=㉣
- ㉤과 ㉥을 더하면 100이다. → ㉤+㉥=100
- ㉠, ㉣, ㉥을 더하면 100이다. → ㉠+㉣+㉥=100
- ㉡에 ㉣을 더한 값에 1을 더하면 ㉤이다. → ㉡+㉣+1=㉤
- ㉣을 ㉠으로 나눈 값은 ㉢에서 2를 뺀 값과 같다. → ㉣÷㉠=㉢−2
- ㉠과 ㉢을 곱한 값은 ㉠에 ㉤을 더한 값과 같다. → ㉠×㉢=㉠+㉤
- ㉠과 ㉢을 곱한 값에 ㉤을 빼면 ㉠이다. → ㉠×㉢−㉤=㉠
- ㉡에 ㉣을 더한 값에서 ㉠을 빼면 ㉤이다. → ㉡+㉣−㉠=㉤
- ㉢에서 ㉡에 2를 곱한 값을 빼면 2다. → ㉢−㉡×2=2
- ㉢에서 2를 뺀 후 ㉠을 곱한 값은 ㉣과 같다. → (㉢−2)×㉠=㉣
- ㉣을 ㉠으로 나눈 값과 ㉡에 2를 곱한 값은 같다. → ㉣÷㉠=㉡×2
- ㉥에서 ㉠을 뺀 후 ㉠과 ㉢의 곱한 값을 더하면 100이다.
  → ㉥−㉠+㉠×㉢=100

※ 개념 이해력 [3점]

총체적 채점 기준	점수
5가지를 바르게 서술한 경우	3점
3~4가지를 바르게 서술한 경우	2점
1~2가지를 바르게 서술한 경우	1점

(2) [모범답안]

5	4
10	40
45	55

7	6
14	84
91	9

3	2
6	12
15	85

※ 개념 응용력 [3점]

총체적 채점 기준	점수
(2)의 수 퍼즐 3개를 바르게 완성한 경우	3점
(2)의 수 퍼즐 2개를 바르게 완성한 경우	2점
(2)의 수 퍼즐 1개를 바르게 완성한 경우	1점

[모범답안]

※ 개념 응용력 [6점]

요소별 채점 기준	점수
풀이 과정을 바르게 서술한 경우	3점
정답을 바르게 구한 경우	3점

• 풀이 과정

열대어의 먹이 관계를 선으로 연결해 보면 다음과 같다.

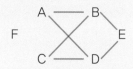

(1) B와 D를 같은 어항에 넣는 경우

  ① F가 어항 1개를 차지하지 않는 경우

　　B와 D를 같은 어항에 넣는 방법은 4가지이다.

　　나머지 3개의 어항에 A, C, E를 넣는 방법은 $3 \times 2 \times 1 = 6$(가지)이다.

　　F는 4개의 어항 어디에 들어가도 되므로 F를 넣는 방법은 4가지이다.

　　따라서 $4 \times 3 \times 2 \times 1 \times 4 = 96$(가지)이다.

  ② F가 어항 1개를 차지하는 경우

　　B와 D를 같은 어항에 넣는 방법은 4가지이다.

　　F가 어항 1개를 차지하는 방법은 3가지이다.

　　나머지 2개의 어항에 A, C, E를 넣는 방법은 $3 \times 2 = 6$(가지)이다.

　　따라서 $4 \times 3 \times 3 \times 2 = 72$(가지)이다.

(2) B와 D를 다른 어항에 넣는 경우

  ① F가 어항 1개를 차지하지 않는 경우

　　B와 D를 다른 어항에 넣는 방법은 $4 \times 3 = 12$(가지)이다.

　　나머지 2개의 어항에 A, C, E를 넣는 방법은 $3 \times 2 = 6$(가지)이다.

　　F는 4개의 어항 어디에 들어가도 되므로 F를 넣는 방법은 4가지이다.

　　따라서 $4 \times 3 \times 3 \times 2 \times 4 = 288$(가지)이다.

  ② F가 어항 1개를 차지하는 경우

　　B, D, F를 다른 어항에 넣는 방법은 $4 \times 3 \times 2 = 24$(가지)이다.

　　나머지 어항 1개에는 A, C, E가 들어간다.

따라서 모든 열대어가 서로 잡아먹히지 않게 4개의 어항에 넣는 방법은

$96 + 72 + 288 + 24 = 480$(가지)이다.

• 정답 : 480가지

수학 사고력

평가 영역 : 개념 응용력

2	1	4	5	3	6
3	6	2	1	4	5
6	5	3	4	2	1
1	4	5	3	6	2
4	2	1	6	5	3
5	3	6	2	1	4

※ 개념 응용력 [7점]

요소별 채점 기준	점수
모든 칸을 바르게 채운 경우	7점
19칸을 바르게 채운 경우	6점
18칸을 바르게 채운 경우	5점
15~17칸을 바르게 채운 경우	4점
11~14칸을 바르게 채운 경우	3점
6~10칸을 바르게 채운 경우	2점
1~5칸을 바르게 채운 경우	1점

[해설] 숫자가 많이 들어 있는 곳을 먼저 확인하고, 넣을 수 있는 수를 가로줄, 세로줄과 비교하여 찾는다. 오른쪽 아래 굵은 선으로 나누어진 영역에서 6, 5, 4를 먼저 채운다.

06
수학 사고력

평가 영역 : 개념 이해력, 개념 응용력

(1) [모범답안]

• 풀이 과정
  여학생 9명 중에서 7명을 뽑는 것은, 9명 중에서 2명을 제외하는 것과 같다.
  2명을 제외하는 방법은 9×8=72(가지)인데, 뽑는 순서는 관계 없으므로 72÷2=36(가지)이다.
• 정답 : 36가지

※ 개념 이해력 [3점]

요소별 채점 기준	점수
풀이 과정을 바르게 서술한경우	2점
정답을 바르게 구한 경우	1점

(2) [모범답안]

• 풀이 과정
  영기, 예찬, 도윤 세 명이 이 순서대로 붙어 서는 경우를 ㉠이라고 하면 ㉠, 지찬, 성백, 채빈 4명이 한 줄로 서는 경우와 같다.
  따라서 대열을 만드는 방법은 4×3×2×1=24(가지)이다.
• 정답 : 24가지

※ 개념 응용력 [4점]

요소별 채점 기준	점수
풀이 과정을 바르게 서술한경우	2점
정답을 바르게 구한 경우	2점

07 수학 융합사고력

평가 영역 : 문제 이해력, 문제 해결력

(1) [모범답안]

- 풀이 과정
  날짜별 이용자 수의 합은
  45200＋48160＋42170＋43780＋46990＝226300(명)이고,
  하루 평균 이용자 수는 226300÷5＝45260(명)이다.
- 답 : 45260명

(2) [예시답안]

- 중앙 버스전용차로 정류장에 안전시설을 설치한다.
- 무단횡단을 막기 위해 간이 중앙분리대를 설치한다.
- 버스 정류장에 있는 버스 도착 알림 서비스에서 주기적으로 주의 사항을 방송한다.
- 횡단보도에 보행 대기시간 잔여 표시기를 설치한다.
- 중앙 버스전용차로 제한 속도를 더 낮춘다.
- 수시 단속을 통해 무단 횡단 보행자에게 벌금을 많이 부과한다.
- 횡단보도를 방지턱처럼 높여 차의 속도를 줄이게 한다.

[해설]

(2)

중앙 버스전용차로는 일반차로보다 차량의 속도가 빨라 교통사고 발생시 사망사고 비율이 높다. 횡단보도를 연결하는 2～2.5 m의 좁은 대기 공간에 사람들이 많이 모여 있으면 차량 돌진 등 사고 발생 시 대형사고로 이어질 수 있다. 또한, 중앙 버스전용차로와 인도와의 거리는 약 8～9 m로, 짧다고 생각해 무단횡단 심리를 유발하기도 한다. 서울시는 2019년 연말부터 중앙 버스전용차로 제한 속도를 기존 60 km/h에서 50 km/h로 낮추었다.

▲ 중앙 버스전용차로 정류장의 안전시설

▲ 보행 대기시간 잔여 표시기

08
일반 창의성
평가 영역 : 유창성, 독창성 및 융통성

[예시답안]

- 규칙 : 앞에 있는 단어의 첫 번째 글자가 다음 단어의 마지막 글자이다.
- 혼합물 – 영혼 – 수영 – 점수 – 승점 – 필승 – 연필 – 금연 – 해금 – 동해 – 운동 – 기운 – 모기 – 양모 – 영양 – 진영 – 확진 – …
- 혼합물 – 결혼 – 물결 – 동물 – 파동 – 지진파 – 강아지 – 한강 – 방한 – 책가방 – 과학책 – …

※ 유창성 [4점]

총체적 채점 기준	점수
10가지를 바르게 나열한 경우	4점
7~9가지를 바르게 나열한 경우	3점
4~6가지를 바르게 나열한 경우	2점
1~3가지를 바르게 나열한 경우	1점

※ 독창성 및 융통성 [2점]

요소별 채점 기준	점수
규칙을 바르게 서술한 경우	2점

09
과학 사고력
평가 영역 : 개념 이해력

[모범답안]

① 자석으로 자석에 붙는 철 캔을 분리한다.
② 알루미늄 캔과 플라스틱 병이 섞인 혼합물을 흔들면 가벼운 플라스틱 병이 알루미늄 캔 위로 올라오므로 쉽게 분리할 수 있다.

※ 개념 이해력 [6점]

요소별 채점 기준	점수
알루미늄 캔과 플라스틱 병을 분리하는 방법을 바르게 서술한 경우	3점
철 캔을 분리하는 방법을 바르게 서술한 경우	3점

[해설]

혼합물은 여러 가지 물질이 섞여 있을 때 각각의 성질이 변하지 않으므로, 각 물질의 성질을 이용하면 분리할 수 있다. 철은 자석에 붙는 성질이 있고 플라스틱 병은 금속인 철 캔이나 알루미늄 캔보다 밀도가 작다.

10

과학 사고력

평가 영역 : 탐구력

[모범답안]

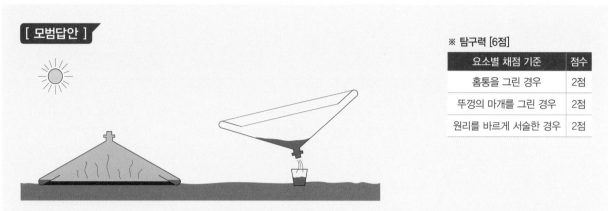

※ 탐구력 [6점]

요소별 채점 기준	점수
홈통을 그린 경우	2점
뚜껑의 마개를 그린 경우	2점
원리를 바르게 서술한 경우	2점

흙탕물이나 바닷물이 햇빛을 받으면 증발하여 수증기가 되고, 증발한 수증기는 뚜껑에 닿아 응결하여 깨끗한 물이 되어 벽면을 타고 흘러내려 아래에 모인다.

[해설] 워터콘은 오염된 물을 담은 검은색 접시와 콘 모양의 투명한 뚜껑으로 이루어져 있다. 뚜껑 안쪽에 홈통이 있어 응결된 물방울이 벽을 타고 흘러내려 모인다. 뚜껑 꼭대기에 마개가 있어 물을 모은 후 통을 뒤집고 뚜껑을 열면 물을 쉽게 옮길 수 있다.

11

과학 사고력

평가 영역 : 개념 이해력

[모범답안]

- 차가운 물이 도로의 온도를 낮춘다.
- 물이 증발하면서 도로의 열을 빼앗기 때문에 주변의 온도가 낮아진다.

※ 개념 이해력 [6점]

요소별 채점 기준	점수
차가운 물로 인해 온도가 낮아지는 것을 바르게 서술한 경우	3점
물의 증발에 관해 바르게 서술한 경우	3점

[해설] 찬물이 도로에 접촉해 도로의 온도를 낮추고, 도로에 뿌린 물이 증발하면서 수증기로 변할 때 주변의 열을 흡수하여 온도가 낮아진다. 도로 표면 온도가 45.1 ℃인 곳에 물을 뿌렸더니 36.4 ℃로 낮아졌다. 물 뿌림은 도로 표면 온도를 낮추는 효과가 있지만 증발한 물로 인해 습도가 높아져 불쾌감을 느끼는 역효과가 발생할 가능성도 있다.

12

평가 영역 : 유창성, 독창성 및 융통성

[예시답안]

- 필터를 여러 겹으로 만들어 미세먼지를 잘 걸러내야 한다.
- 얼굴에 닿았을 때 촉감이 부드러워야 한다.
- 마스크를 쓰고 숨쉬기 편해야 한다.
- 마스크가 얼굴에 잘 맞아야 한다.
- 마스크를 썼을 때 안경에 김이 서리지 않게 공기가 빠지는 곳이 있어야 한다.
- 일회용으로 사용할 것인지, 재사용할 수 있게 만들 것인지 고려해야 한다.

※ 유창성 [5점]

총체적 채점 기준	점수
3가지를 바르게 서술한 경우	5점
2가지를 바르게 서술한 경우	3점
1가지를 바르게 서술한 경우	1점

※ 독창성 및 융통성 [2점]

요소별 채점 기준	점수
사용했을 때 느낌이나 미세먼지 제거량과 관련된 내용을 서술한 경우	1점
이외의 내용을 바르게 서술한 경우	1점

[해설] 보건용 마스크는 코나 입을 가리는 것으로, 외부로부터 들어오는 먼지나 병균의 흡입을 막고 기침이나 재채기를 할 때 공기 중으로 흩어지는 분비물을 막는다. 1919년 스페인 감기(인플루엔자)가 유행하였을 때부터 사용되었으나 황사와 미세먼지가 심해지면서 특수 필터를 달아 공기 중의 미세먼지를 거르기 위한 용도의 마스크도 만들어지고 있다. 국립산업안전보건연구원의 인증을 받은 방진마스크(N95 마스크)는 공기 중에 떠다니는 지름 1 μm(마이크로미터, 100만분의 1 m) 정도의 미세입자를 95 %까지 걸러주고, 약 0.3 μm 크기의 입자도 걸러준다. 또한 식품의약품안전처의 인증을 받은 KF94 마스크는 지름 0.4~0.6 μm인 입자를 94 % 정도 걸러내 미세먼지를 걸러내는 효과가 뛰어나지만, 일상생활에서 썼을 때 호흡이 빨라질 수 있다. KF80 마스크는 지름 0.4~0.6 μm인 입자를 80 % 정도 걸러내며 KF90 마스크보다 숨쉬기가 편하다.

13

평가 영역 : 유창성

[예시답안]

- 물을 햇빛이 잘 비추는 곳에 두어 증발시킨다.
- 밀폐 용기에 넣고 공기를 빼 압력을 낮춘다.
- 전자레인지의 전자파로 물을 진동시켜 증발시킨다.
- 초음파 진동자로 물을 진동시켜 수증기로 만든다.

※ 유창성 [7점]

총체적 채점 기준	점수
3가지를 바르게 서술한 경우	7점
2가지를 바르게 서술한 경우	4점
1가지를 바르게 서술한 경우	2점

[해설] 물이 온도와 상관없이 액체 표면에서 액체 상태의 알갱이가 기체 상태로 변하여 수증기로 되는 현상을 증발이라고 한다. 증발은 주위의 온도가 높고, 표면적이 넓으며, 공기 중에 수증기량이 적을수록 잘 일어난다.

(1) **[모범답안]**

티백을 물에 넣으면 물에 녹은 차 성분은 주머니를 통과하고 알갱이가 큰 찻잎은 주머니를 통과하지 못하고 걸러진다.

※ 문제 이해력 [5점]

요소별 채점 기준	점수
알갱이 크기 차이와 관련지어 서술한 경우	3점
거름을 서술한 경우	2점

(2) **[예시답안]**

- 녹즙기 거름망 : 찌꺼기와 녹즙을 분리한다.
- 된장과 간장을 만들 때 사용하는 체 : 메주를 소금물에 일정 기간 동안 넣어 둔 후 체에 거르면 통과하는 물질은 간장이고 체 위에 걸러진 물질은 된장이다.
- 커피 필터 : 필터 위에 커피를 담고 물을 부으면 물에 녹은 커피 성분만 필터를 통과한다.
- 삼베(천)와 나무막대로 한약 짜기 : 한약재를 물에 넣어 달인 후 삼베에 넣고 막대로 짜면 액체인 약만 삼베를 통과한다.
- 리튬 흡착제 : 바닷물 속 리튬을 흡착한 리튬 흡착제는 걸러지고 바닷물은 통과한다.
- 간이 정수기 : 활성탄과 항균 나노섬유로 만든 필터로 오염 물질을 정화한다.
- 미세먼지 마스크 : 미세먼지는 마스크 필터를 통과하지 못한다.
- 맑은 물 숯 티백 : 숯을 티백에 담아 수돗물에 넣어 수돗물 특유의 냄새를 없앤다. 티백을 건저내면 간편하게 숯을 분리할 수 있다.
- 에어컨 안의 필터 : 공기보다 크기가 큰 먼지는 필터를 통과하지 못한다.

※ 문제 해결력 [7점]

총체적 채점 기준	점수
5가지를 바르게 서술한 경우	7점
4가지를 바르게 서술한 경우	5점
3가지를 바르게 서술한 경우	3점
2가지를 바르게 서술한 경우	2점
1가지를 바르게 서술한 경우	1점

[해설] (1)

티백의 주머니는 거름종이와 같이 물질을 걸러내는 역할을 한다. 세계 최초로 티백을 발명한 사람은 영국의 발명가 A.V.스미스였다. 그는 찻잎을 거즈에 동그랗게 싼 형태인 티볼(Tea ball)을 1986년에 발명했지만, 차를 주로 소비하던 영국 상류 계층은 티백의 간편한 과정이 천박하고 향이 떨어진다고 하여 주목받지 못하였다. 이후 1903년 미국의 발명가 C.로손과 매리 맥클라렌은 면 주머니에 차를 넣을 수 있게 접은 찻잎 홀더를 개발하여 미국 특허권을 얻었고, 토머스 설리번은 1908년 면 거즈를 사용한 티백을 상업적으로 판매하기 시작했다. 요즘은 면 거즈 대신 종이 섬유, 나일론 필터, 옥수수 전분을 이용한 생분해 필터 등을 이용해 티백을 만들기도 한다.

(2)

한국지질자원연구원에서는 티백에서 힌트를 얻어 바닷물은 통과하지만 분말은 빠져나가지 못하도록 하는 리튬흡착제를 개발했다. 리튬은 휴대전화, 노트북, 전기자동차의 배터리 원료, 전기 에너지 저장 장치 등의 원료로 사용되므로 자원 확보가 중요하다. 리튬은 바닷물에 약 2300억톤에 정도가 녹아 있다. 이를 이용해 바닷물에 녹아 있는 리튬을 추출할 경우 기존보다 30 %나 효율이 높다. 또한 남아공의 과학자들은 티백을 이용해 더러운 물을 정화할 수 있는 소형 정수기를 개발했다. 활성탄과 항균 나노섬유로 된 이 간이 정수기는 오염된 물을 최대 1 L까지 정수할 수 있어 오염된 물이 많은 아프리카 주민들이 이용할 수 있는 적정 기술로 주목 받고 있다.

▲ 녹즙기 거름망

▲ 된장과 간장을 거르는 체

▲ 커피 필터

▲ 한약 짜기

▲ 간이 정수기

▲ 마스크

안쌤의 맛있는

영재 모의고사

평가가이드

영재 시리즈 구성

영재성검사 · 창의적 문제해결력 평가 대비

안쌤의

맛있는

영재
모의고사

창의와 사고

펴낸곳 ㈜ 창의와 사고   **펴낸이** 김명현

지은이 안쌤 영재교육연구소(안재범, 최은화, 유나영, 이상호, 추진희, 오아린, 허재이, 이민숙, 이나연, 김혜진)

주소 서울시 성동구 아차산로17길 48 성수 SK V1센터 1동 607호

연락처 02-6124-3478   **쉽고 빠른 카카오톡 실시간 상담 ID** 안쌤영재교육연구소

안쌤 영재교육연구소 네이버 카페 http://cafe.naver.com/xmrahrrhrhghkr